蜂鸟网15周年
浓情巨献

蜂鸟网 编著

蜂鸟摄影学院
单反摄影宝典

第2卷

U0285272

人民邮电出版社
北　京

图书在版编目（ＣＩＰ）数据

蜂鸟摄影学院单反摄影宝典. 第2卷 / 蜂鸟网编著
. — 北京 ：人民邮电出版社，2015.1（2015.2重印）
ISBN 978-7-115-37249-9

Ⅰ．①蜂… Ⅱ．①蜂… Ⅲ．①数字照相机－单镜头反
光照相机－摄影技术 Ⅳ．①TB86②J41

中国版本图书馆CIP数据核字(2014)第247950号

内 容 提 要

　　蜂鸟网是全球最大的中文影像生活门户网站，拥有485万注册网友。《蜂鸟摄影学院单反摄影宝典》第1卷一经上市就受到了广大影友的一致肯定。作为该书的延伸与提升，本次蜂鸟网又投入了极大的人力和精力，集结了网站全部的优秀资源并邀请了网站数十位资深网友提供了精湛的作品，针对影友在摄影学习和实践的需求，共同写作了本书。

　　摄影是一门艺术，也是一门技术。如果说《蜂鸟摄影学院单反摄影宝典》第1卷让影友迈入了摄影艺术的门槛，那么第2卷将使你真正领略摄影艺术的真髓。摄影诞生175年来，尽管器材和设备经历了划时代的变革，但是其最核心的技术：构图、用光、色彩却始终就没有改变过。也只有完全掌握了这三大技术，才能让你在摄影创作上得到飞跃。本书以构图、用光、色彩作为三大篇章，15个章节的内容不仅非常详细地阐述了这三大核心技术的原理和基础技巧，还专门以影友最常拍摄的风光、人像、静物、旅行、花卉等题材的60余个场景为例单独讲解了在实拍过程中如何合理的运用构图、用光和色彩的技法。本书讲述清晰细致，非常适合影友对技术的理解和应用。

◆ 编　　著　蜂鸟网
　　责任编辑　胡　岩
　　责任印制　周昇亮
◆ 人民邮电出版社出版发行　　北京市丰台区成寿寺路 11 号
　　邮编　100164　电子邮件　315@ptpress.com.cn
　　网址　http://www.ptpress.com.cn
　　北京雅昌艺术印刷有限公司印刷
◆ 开本：787×1092　1/16
　　印张：24　　　　　　　2015 年 1 月第 1 版
　　字数：860 千字　　　　2015 年 2 月北京第 2 次印刷

定价：99.00 元
读者服务热线：(010)81055296　印装质量热线：(010)81055316
反盗版热线：(010)81055315
广告经营许可证：京崇工商广字第 0021 号

影像无边界 专业自有声

在2012年，蜂鸟网十二岁生日的时候，我们隆重推出了第一本以摄影技巧为主题，广大蜂鸟网友优秀作品为主干线的《蜂鸟摄影学院 单反摄影宝典》，此书一经推出，收到来自各界好评，并连续蝉联摄影类图书热销榜榜首。

时隔两年，我们应读者的需求并秉承精耕细作的思路，推出《蜂鸟摄影学院 单反摄影宝典（第2卷）》。该书集中对人像与风光，读者最喜闻乐见的两大题材做了精细的解读，从构图、用光、色彩三大摄影核心技法出发，并且注重基础理论与实际拍摄的结合，以此希望可以帮助摄影爱好者突破摄影的瓶颈，在技术上获得突破。

时光荏苒，转眼间2014年已经接近尾声。回首这一年有太多的记忆脑海中，我们所身处的影像行业发生着巨大的变化。有变化当然就会有机遇，蜂鸟网会一如既往的秉承着专业的态度，结合时下热点，进一步整合影像行业最优质的内容和资源，不断推出更多更好的摄影类图书。

在这里我们要感谢多年来与蜂鸟网一同成长的影友们，是你们的支持、关心与帮助让我们走到今天，希望我们可以肩并肩携手筑造更美好的未来。

——蜂鸟网总编 窦瑞冬

摄影师：陈杰

摄影师：吕小川

摄影师：问号

摄影师：Gyeonlee

摄影师：敬翰

摄影师：阿戈

摄影师：吕小川

摄影师：阿戈

摄影师：董帅

目录

构图篇

第5章　实用构图技法

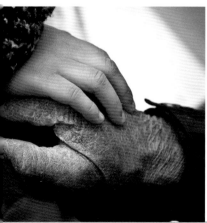

用光篇

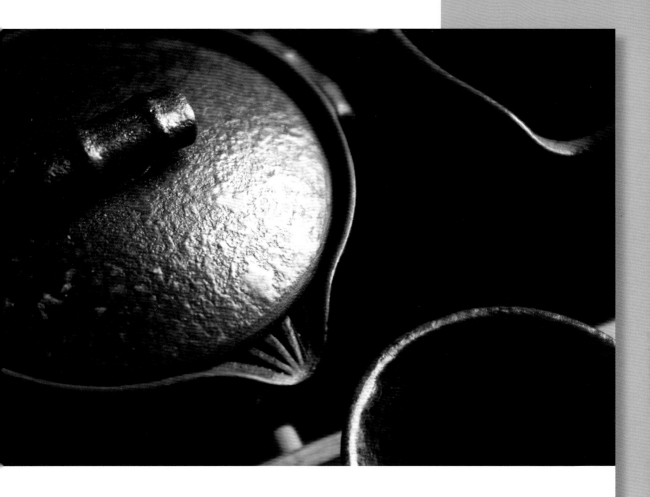

色彩篇

047

054

059

074

080

089

构图篇

106

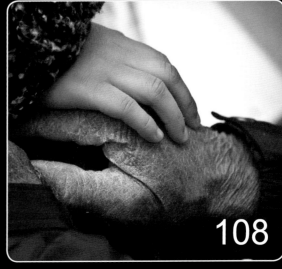

108

第**1**章

丁博 摄
焦距 35mm，光圈 f/2.8，速度 1/3000s，ISO2000

摄影的思考

摄影是一门流行的大众艺术，有了照相机，人人都可以参与其中；但摄影艺术创作却并非如此，如果我们对摄影创作的本体要素没有基本的认识，混混沌沌地、娱乐式地拍摄，兴趣自然越来越消减、褪去。了解了摄影的本体要素，就如同在暗夜的街道上，看到一扇打开的明亮之门，让我们的摄影创作有了明确的目标与方向。

1.1 典型化形象——抓住最具代表性的景物

展现典型化形象是各门类艺术创作的根本原则。绘画、雕塑等艺术形式，其主体都具有代表性的特征，通过艺术家的加工，其代表性的特征会被更为突出地表现出来，形成明显、突出的艺术特征。当然，在摄影艺术创作中，典型化的景物往往又由很多具有代表性的局部、细节体现，这些局部细节可以让观众一看到便明确地意识到"这是什么，这是在哪"，继而更深入地理解到"作者想说明什么"。

王勃方 摄
焦距 16mm，光圈 f/8，速度 1/4s，ISO1600

在拍摄城市题材时，为表现出现代城市的风貌——新异奇特、繁华匆忙，作者选择了很具代表性的地标性建筑 CCTV 大厦作为画面视觉中心，从高角度俯拍城市。夜景中，街道流动的车流衬托出都市生生不息的快节奏运转。这一切都符合人们对现代化都市典型特征的认知。

小述 摄
焦距 35mm, 光圈 f/2, 速度 1/320s, ISO100

具有探索精神的摄影人会很直接地感触到当地风情的代表。在当地红砖建筑、白象雕塑的背景衬托下, 主体人物的衣着、脸部的装饰, 无一不体现着当地和谐的人文色彩。尤其引人注目的是主体人物微笑的表情和友善的眼神, 让人感觉到当地人淳朴、简单的性格。

高帅 摄
焦距35mm，光圈 f/2.8，速度 1/6s，ISO500

平凡的场景中往往蕴含着生活的无限情趣。闲坐等待地铁列车的人们，其衣着、姿态、动作、表情、眼神各不相同，这平凡的场面，被作者精心而真实地记录下来，给我们无尽的观察和体味乐趣——老人们安宁而无所求，中年男人四顾而茫然，忙碌的人大包小包，还通过手机接收着信息。

■ 1.1.1 摄影的纪实性特征

摄影首先具有着明显的纪实特征，在拍摄过程中，客观世界的真实景象会被照相机真实地记录下来，创作者无法在这个过程中对拍摄对象加以修改，是写实、写真的过程。但在这个过程中，如果只是机械地进行拍摄，则拍摄者和他的照相机只是完成了对拍摄对象的翻版，无从谈起摄影的艺术创作了。

摄影的纪实性在于，创作者在整个构思拍摄过程中会根据自己的创作思想去观察现实生活，从中发现并截取出与创作思想相符合的画面来，这既是对生活的记录，也是作者真实思想的流露。

问号 摄
焦距20mm，光圈 f/11，速度 4s，ISO100

在传统而经典的摄影创作中，纪实性是最被关注的特征，即使在唯美的风景摄影中也是如此。作者在这幅作品中，首先真实地记录下古桥外观形状、建筑结构与材质，其所处的环境等，而他运用的逆光光影、长时间曝光等高难度的摄影技巧，都是在纪实性上做的艺术加工，使画面更完美、更具艺术性。

■ 1.1.2 典型性主体

首先，我们在面对繁复杂乱的景象时，要从中找到最为典型的、最有代表性的景物作为拍摄的主体。比如，我们在拍摄街头或在民俗庆典中拍人像时，一定会找寻最有特点、最有代表性的人进行拍摄——他的服饰装扮、手持的工具最有地域和民族特征；她是人群当中长得最美、表情最为生动的。同样，我们在拍摄动、植物小品当中，也会同样去捕捉具有典型化特征的景物，而对于风景、建筑等的拍摄更是如此。在寻找典型化主体的过程中，依靠的是拍摄者的敏锐观察，以及思考判断能力。

高帅 摄
焦距 40mm，光圈 f/5.6，速度 1/200s，ISO100

即使没有明确的图片说明，我们依然可以从画面中读到很多内容：London2012 的字样和人物手中的火炬，可以让我们一下联想到这是奥运火炬传递的活动；而从火炬手的凝重神态，可以让我们感受到这将定是一个重要的人物，他一定是这个城市或与奥运有重要关联的，而旁边护卫的黑墨镜、整耳机等特征，是否预示着他在保卫着这个重要人物呢？

■ 1.1.3 典型性形象的塑造

在选定具有典型性特征的主体后，随之而来的就是典型化形象的塑造——我们要把他最美、最有特点的一面展现出来，我们的摄影作品一下子就具有了最为鲜明的艺术形象。在这一过程中，更多的是发挥摄影的艺术创作手法，包括选择拍摄视角，进行构图，运用与控制光线等。在这一过程中，拍摄者的艺术加工和摄影技术发挥着更大的作用。

Gyeonlee 摄
焦距 50mm，光圈 f/2，速度 1/1000s，
ISO200

在塑造女性模特典型化形象的过程中，作者综合运用了很多艺术手段和拍摄技巧——选择与模特肤色、发色相配的环境，并予以适当的背景虚化；选取背影取景，表现模特背部优雅的线条，同时脸部侧面的轮廓线条格外凸显；用光上使用侧光，并伴以斑驳的叶影，增加神秘和典雅气氛。画面的整体塑造蕴含作者很多精道的细节刻画，多深入观察与思考，我们还可以从中体会很多。

■ 1.1.4 抓取典型性的方法

摄影艺术的典型化问题和摄影人的生活创作经历息息相关，和摄影人的不断思考与学习相关，更和他的摄影技术、技巧以及拍摄经验结合在一起。因此，一个真正的摄影家，对待每一次拍摄都会经过仔细观察，认真思考，精细艺术加工，才会创作出主题鲜明、意境深远、形象完美、感情真切、具有艺术典型化的摄影作品来。

王勃方 摄
焦距 24mm，光圈 f/8，速度 1/250s，ISO100

如何表现满天的热气球腾空而起的壮观场面，需要作者事先详密思量和计划安排——侧光可以很好地刻画地面景物，并与天空匹配；安排好起飞时机，选择恰当的取景点，让众多的热气球有规律和节奏地分布在空中。这些拍摄计划，需要有相当的经验，它可以来自对先前成功作品的观摩，还可以来自与有经验驾驶员的沟通，当然经过多次的参与与实践，才可以转化为创作者自己所有。

1.2 创作灵感——摄影快乐的源泉

摄影是件累并快乐着的事情，当创作的灵感出现时，无论是严寒与酷暑、饥饿与疲劳，都被摄影人抛在脑后；摄影又是件痛苦并快乐着的事情，当苦于没有创作灵感时，摄影人又会茶饭不香，辗转难眠。创作的灵感，在摄影人的心目中，发挥着如此重大的作用，我们又应该怎样去培养和激发它呢？

■ 1.2.1 创作瞬间的灵感捕捉

摄影创作中的灵感，存在于拍摄的构思当中，它看似神秘而难以捉摸，但实际上是摄影人面对场景或特色拍摄主体时，突出闪现的拍摄想法。它可能是一个特殊的拍摄视角，或是非常规的用光方法，或是更简单一些，仅仅是突然间想到变换一下镜头焦距。

创作中的灵感往往是突然爆发而又转瞬即逝的小小念头，稍有松懈，就不再出现。摄影人应该像猎人一样有敏捷的反应，去抓住灵感，将这小小闪动的创作火花，形成创作的成果。

丁博 摄
焦距 35mm，光圈 f/2.8，速度 1/80s，ISO400

过去与当下、青春与衰老、朝气洋溢与不堪回首，在一幅画面中轻轻诉说着。面对这样的画面，作者无法事先进行安排与设计，它是在作者不经意中遇到发现，在无限的思绪中灵光一闪，而拍摄的举动往往又是下意识的。灵感的出现，如同这一场景，无法预知，但又是发展的必然——墙壁上的年轻姑娘，曾是老者的过去，她一定会来重新回味——而对于拍摄者，当灵感出现时，是否能够把握住，是创作的关键。

■ 1.2.2 平时的思考与积累

灵感看似神秘，仿佛是凭空产生，其实它的出现，一定是和摄影人平时的学习与思考、交流与借鉴分不开的。比如在一段拍摄时间内，对某种拍摄题材非常感兴趣，自然会从网络、书本画册上多去关注相关的图片，仔细观赏优秀作品的画面效果，考虑琢磨拍摄方法。同时，还可以参加相应的摄影讲座、活动，与老师和影友们的交流中，也会得知很多的知识与技巧。

这样，平时积累下来的大量摄影知识，就在头脑里形成了一个资料丰富的宝库，平时很难意识到它的存在，而一旦在创作中遇到了与某些储备资料相似的场景时，创作灵感自然就会被激发出来了。

作者在拍摄这样的展览场馆时，分别运用横幅和竖幅收录，体味它们所带来的不同视觉感受——横幅更体现场馆的深远宽阔，竖幅体现高大的气势。这样的经验积累，更像是摄影人给自己的定下的功课——构图、用光、拍摄技术等一切知识，都在此过程中得以学习运用。

丁博 摄

王勃方 摄

拍摄经验的积累，还在于持续的拍摄过程。作者在乘坐列车的过程中不断拍摄，对一切新鲜的、感兴趣的场景题材，进行有思考的、有意识的拍摄，并在其中运用不同的拍摄视角与技巧，只有这样，才能够让创作的灵感不断被激发，得到一幅幅优秀的作品。

■ 1.2.3 画面中蕴藏灵感

既然灵感来源于平时的积累，通过哪种方法来积累最为直接呢？

摄影是一门形象化的艺术，无疑通过画面来积累并形成索引最为方便。平时大量地、反复地浏览优秀作品，自然会在头脑中形成画面的印象，再通过拍摄者的自述文字和自己的思考和理解，将关键的拍摄方法与画面形成联系。在相似的拍摄环境下，已有的画面效果自然会闪现，而其连带的拍摄技巧和方法自然源源不断地展现了。

邢颖 摄
焦距 16mm，光圈 f/8，速度 1/4s，ISO1600

1.3 摄影主题——作品的思想性

主题是艺术作品的灵魂，是作者通过作品中的艺术形象所表现出来的创作意图，它是作者经过对现实生活的观察、体验与思考所提炼出的思想精华，它也为作品带来了思想性。

摄影作为一门形象化的艺术表现形式，其外在的形式感最为大众所关注。但要想拍摄出令观众久久凝望而发人深思的作品来，创作者的思考就必须有一定的深度。而这深度的思考，就深深地隐含在画面的深处，成为优秀摄影作品的思想性。

■ 1.3.1 纪实摄影中的人文关怀

在纪实摄影当中，关注的重点更多侧重于人的命运、社会的变迁，以及不同民族的生产生活方式等。在作品的表面呈现的，是作者对于人类社会的真实记录，而在作品深处，又蕴含着拍摄者对拍摄对象深深的人文关怀——无论是环境的巨大变迁，还是人的命运多舛，都会引发拍摄者与观众的深深思考。

因此，在纪实摄影中，拍摄者一方面需要冷静地观察，并客观真实地记录；另外一方面，还需要拍摄者充满着激情，希望能够对人类社会的发展，贡献出自己的努力。

鱼子 摄
焦距 24mm，光圈 f/8，速度 1/80s，ISO800

面对窗外如密林般耸立的脚手架，不知白发老人心中是怎样的一番苦涩，而其背景中又透露了多少无奈。作者使用了与主人公相同的主观视角，让观众与其看到相同的景物，从而有身临其境的感受，引发对主人公处境的关注与同情。

高帅 摄
焦距 18mm，光圈 f/3.6，速度 1/6s，ISO400

纪实摄影并不仅仅关注苦难、困境的事件，其实很多生活中的小场景，都充满着温馨与快乐。一个孤独的小球迷，在大牌俱乐部的电视室，出神地关注着比赛，热闹的画面内容与孤独的小球迷身影形成了强烈的对比。他的喜爱是如此纯真、真诚。比起酒吧里聚在一起喝酒吼叫的成人们，他是不是真正的球迷？

董帅 摄
焦距 40mm，光圈 f/6.3，速度 1/400s，
ISO100

■ 1.3.2 人与自然和谐的风光摄影

风光摄影，是拍摄者寄情山水、抒发自己情怀的表现形式。这份情感是建立在拍摄者对自然的热爱上，同时也是自己融入山水与自然美景对话，更进一步进入忘我的思想境界。风光摄影一方面是对自然美景的真实记录，可以唤起观众对于自然的热爱；另一方面，也可以将自己的内心感受和特定的风景合拍，从而达到借景抒情的目的。

董帅 摄
焦距 17mm，光圈 f/6.3，速度 1/400s，ISO100

在风景的拍摄中，避开人造的景物，可以表现出大自然雄浑的、不被打扰的原始状态；而适当加入一些人造景物，则增加了些大自然的可亲近感，提起观众想要身临其境的欲望。这两幅作品，是作者在同一时间、同一拍摄地点，使用不同焦距取景拍摄的，把上述两种风景的内涵都表现出来。作者对两种意境都非常喜爱，无法割舍其中之一，只能任由读者选择了。不妨回顾下古诗"千山鸟飞绝，万径人踪灭。孤舟蓑笠翁，独钓寒江雪。"或有所感。

王勃方 摄
焦距 80mm，光圈 f/4.5，速度 1/640s，ISO800

■ 1.3.3 闲情逸趣的小品摄影

　　花卉、动植物摄影及静物小品摄影，取景小巧精致。看似一花一叶，一鸟一枝，而表现出的往往是作者的高雅情意。以微小景物为拍摄对象，通过细致入微的描绘，作品展现出自然造物的神奇与完美。而在小品摄影中，通过对一花一物的歌咏，同样可以表达出作者内心的情怀。因此看似简单的小品摄影，其实更体现出拍摄者对于生活乃至世间万物的理解，那或是享受生活、热爱生命的隐逸情趣，抑或是借物咏情，展现作者自己的品格。

丁博 摄

焦距 200mm，光圈 f/2.8，速度 1/100s，ISO400

动植物摄影当中的情趣，可以来自于拟人的情调当中。层层铁笼后，豹子的眼神中，流露出多少我们熟悉的感情，它直入我们的心灵。在这一瞬间，他对于我们不仅仅是一只感到威胁的猛兽，而是造物主对人类的冷眼注视，还带有深深的诘问。

董帅 摄

焦距85mm，光圈f/1.8，速度1/2000s，ISO100

多数动植物小品，并不直接带给我们什么深刻思想，它仅仅是给我们一种轻松、舒畅的审美感受。作品中一丫寒枝，几朵春桃，明暗相间，虚实相映。无非是带来片刻的宁静小憩，轻松舒缓的意境。古诗"墙角数枝梅，凌寒独自开。遥知不是雪，为有暗香来。"不也是这样的轻松意境么？

第 **2** 章

突出主体，是大家熟知的摄影艺术创作的重要原则。但不同的摄影题材，通常关注的主体有哪些？怎样发现它？如何突出表现它？这些都是摄影中的实际问题。

突出主体

花想 摄　模特：小汐

2.1 突出主体的简单方法

摄影作品中的主体，也就是画面当中最重要的景、物或是人，是拍摄者最关注的景物。突出主体最为简单的方法，就是让它在画面中占据到足够大的比例。比如在纪念照中，一定要让主体人物占据足够大的画面比例，才能突出明显。尽管这一方法非常简单，但对于突出主体非常实用。无论对于风光、纪实，还是人像摄影来说，都是非常重要的。

让主体在画面中占据较大的比例，可以运用最为简单的两种方法：一是贴近拍摄，离得越近，景物在画面中所占的比例越大；二是使用长焦距镜头，让主体在画面中被放大，方法简单而实用。

鱼子 摄
焦距24mm，光圈f/8，速度1/60s，ISO200

抵近拍摄，是在纪实摄影中常用的拍摄手法。在距离主体人物很近的地方拍摄，他的表情神态，以及动作细节都可以得到近乎夸张的展现，一下子就吸引到了观众的注视。而使用这样的拍摄方法，通常会使用广角，甚至是超广角镜头，这样难免会产生变形，这在拍摄中需要加以控制。注意，尽量将人物安排在画面中心部分，这里镜头畸变会小于画面边角部分。

在拍摄旅行纪念照中，如果背景景物很大，比如是个高耸的教堂，让人物站在教堂下很近的地方拍摄，教堂在画面中拍全了，人物就可能小不可见了。因此就需要让人物站在离建筑远些的地方，而离相机更近一些，通过近大远小的透视变形，就既可以突出人物，又可以把景物拍全了。

陈杰 摄
焦距60mm，光圈f/4.5，速度1/400s，ISO400

在旅行中拍摄纪念照片，在摄影人看来，也有很多创意的拍摄方法，同样具有与众不同的艺术效果。作者突破常理，使江边整排的吊脚楼占据了很大面积，得到完整的体现。虽然主体人物安排在画面一角，但通过远近对比，和色彩反差，人物依然非常醒目，整个画面有着安静祥和的画意效果，而经过的一叶小舟，让画面有了灵动的感觉。

2.2　利用创意突出主体

　　当我们构思一幅画面复杂、情感丰富的摄影作品时，简单地放大主体比例，有时就不适用了。就需要在画面构图完美的基础上，着重通过主体大小、位置安排、光影控制等一系列创意方法，并运用焦点、景深、瞬间抓取等技术手段，来突出刻画主体。

　　利用创意手段突出主体，有两个最为关键的手法。一是位置，主体一定要在画面的关键位置，比如画面的中心或三分法中的四个关键点。

王勃方 摄
焦距 16mm，光圈 f/22，速度 15s，ISO50

城市风景摄影中，尤其是一些商业摄影，通常要求画面简洁、表达明确。因此，在拍摄中使用画面中心构图方法，可以让主体显得非常突出，符合拍摄委托方的需要。在使用中心构图法时，需要注意的是一定要保证主体建筑物的完整，尤其要注意它的附属建筑。拍摄这样的作品通常前后期准备工作量很大，一定要注意细节保证成功。

丁博 摄
焦距 50mm，光圈 f/4，速度 1/500s，ISO100

中外的传统建筑，通常都讲究左右对称，因此在拍摄中，非常适合于将主体安排在画面中心位置。当然，根据建筑自身的高度和宽度，以及天空和地面的情况，建筑的主体部分还可以有上下的调整安排，从而让整体构图符合主体需要。

问号 摄
焦距 18mm，光圈 f/6.3，速度 1/400s，ISO100

针对自然风光、人像、小品类的题材，为了突出主体，适合使用三分法，这是由于自然景物的种类、形状相对简单，干扰因素少些。例如此作品的背景中，蓝天白云、山坡草地和深蓝色湖水给人感觉非常简洁，而两匹枣红马在画面中非常突出，将其安排在画面右下的三分点上，整个画面和谐优雅。

突出主体的方法之二，就是使用对比手法。例如在明暗对比中，突出暗背景下的明亮主体；利用虚实对比来突出主体，虚化其他部分；利用色彩对比，突出大面积绿叶中的红色花朵；还有利用动静对比，突出一池净水中游动的天鹅等。这些对比的手法，需要根据不同的主题，由拍摄者灵活掌握。

王勃方 摄
焦距 80mm，光圈 f/4.5，速度 1/250s，ISO400

色彩的对比，是利用主体色彩与环境色的对比反差，从而起到突出主体的作用。此作品中，深红色的乡间木屋，在绿色森林的映衬下，显现得尤为突出。

丁博 摄
焦距 200mm，光圈 f/2.8，速度 1/125s，ISO200

通过虚实对比突出主体，通常使用两种不同的方法：虚化前景和虚化背景。当然也可以前景和背景都进行虚化。在这幅作品中，作者就通过让前景和背景都虚化，使得主体的斑马头部格外突出，其眼神和皮毛质感得到很好体现。

花想 摄　模特：小晗
焦距50mm，光圈f/4，速度1/500s，ISO200

利用明暗对比突出主体，通常的做法是让环境背景处于黑暗阴影当中，而主体为白色明亮表现。
需要注意的是，明暗、黑白的所占比例，要让黑暗的背景占据较大部分，而白色明亮主体可以小
一些，这样整体画面会更为协调。

高帅 摄
焦距200mm，光圈f/16，速度1/90s，
ISO200

利用动静对比突出主体，最常用于
体育运动和野生动物摄影中。这幅
作品利用了特殊的拍摄技巧——追
拍，即释放快门时，让相机移动追
踪飞机，使得运动滑跑的飞机如静
止般清晰呈现，而背景因为相机移
动而虚化。这种追拍的方式，非常
适合于拍摄高速运动的物体，如汽
车、短跑运动员、赛马、猎豹和飞
鸟等。

2.3 风景中的视觉中心

自然景象丰富繁杂，景物万千，虽说是处处有景，却也不是皆可摄入镜头成为作品。而在这无边景物之中，总会有一个精彩之处最能够吸引到人的注意，使人觉得格外新奇有趣。它或许是悬崖边的一棵苍松，或许是众山怀抱中的小湖，更可能是高耸入云的险峰，或是点缀其中的亭台楼阁等。这些强烈吸引人们注意的重要景物，就是风光摄影当中的视觉中心所在。在我们欣赏无边美景之时，视线总是以它为中心，并逐渐扩散开去，所以称其为视觉中心。

王勃方 摄
焦距 50mm，光圈 f/8，速度 1/250s，ISO200

宽阔、静静流淌的河流，无疑是作品中的视觉中心，也是画面的主体。作者将其置于画面中心位置，首先吸引了观众的视线，而视线会向其周边景物发展——河流上的桥梁、水边的树林、绿色山坡以及乡居建筑和远山，这些一一映入眼帘，构成一幅和谐完美的画面。可见风景作品中，视觉中心的作用非常重要。

但需要格外注意的是，风光摄影中的视觉中心，在构图时，要尽量避免在画面的正中心的位置，一定要根据与之相关联的景物，以及陪衬景物，进行位置的经营。此时，应多采用三分法来安排视觉中心的位置，同时还需根据其形状、体积和线条长短，依据黄金分割比来仔细斟酌，进行细微的位置调整，才能既突出中心，又令画面具有节奏和韵律上的变化。

陈杰 摄
焦距 120mm，光圈 f/8，速度 1/200s，ISO1000

陈杰 摄

焦距 17mm，光圈 f/10，速度 1/200s，ISO400

风景拍摄中，追求变化是突破作品的重要创
作思路。当画面元素相对简单时，可以让视
觉中心景物脱离画面中心位置，形成变化。
比如本作品中，作者让主体古塔的剪影偏向
画面一侧，减弱了它的力量，而漫天霞光分
量加重，烘托出作品的意境与气氛。

2.4　人像摄影的形、神、情

　　人像摄影，无疑是以人为主体。但如果仅仅是把人物的外貌表现出来，那就成了功能性的证件照了。人像摄影创作最重要的突出部分有三个：优美的形态、传神的性格和深厚的感情。

Gyeonlee 摄
焦距 135mm，光圈 f/2，速度 1/320s，ISO800

拍摄模特面部的特写时，造型之美，需要观察如何体现面部曲线。如人物侧脸的边缘线条、鼻子的曲线，利用头发的自然弯曲，也可以很好地衬托出女性娇美的曲线。注意，稍微倾斜的头部对于造型美非常重要。

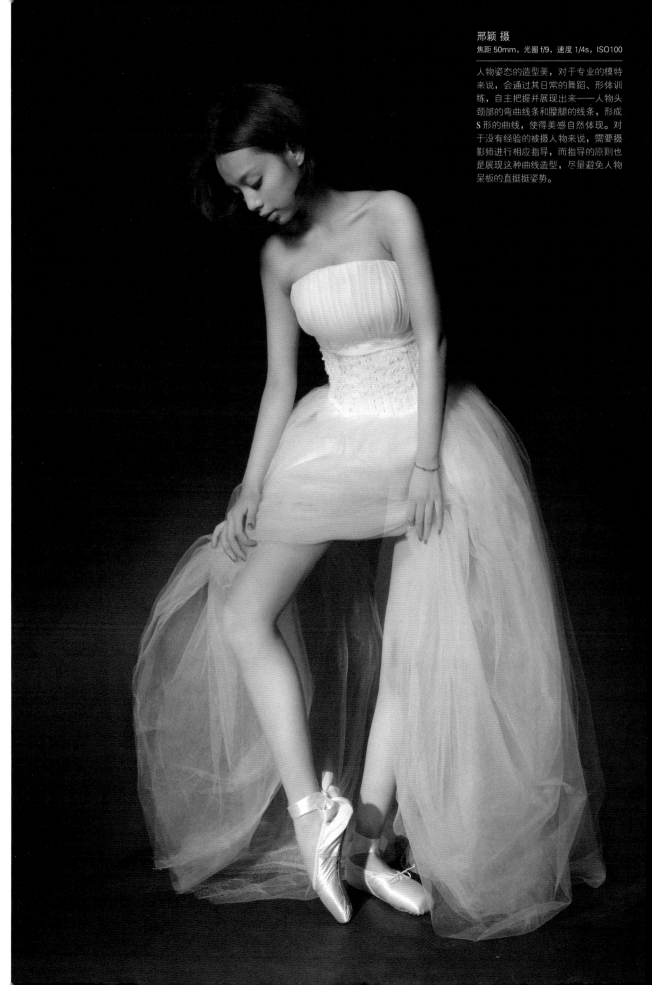

邢颖 摄

焦距 50mm，光圈 f/9，速度 1/4s，ISO100

人物姿态的造型美，对于专业的模特来说，会通过其日常的舞蹈、形体训练，自主把握并展现出来——人物头颈部的弯曲线条和腰腿的线条，形成 S 形的曲线，使得美感自然体现。对于没有经验的被摄人物来说，需要摄影师进行相应指导，而指导的原则也是展现这种曲线造型，尽量避免人物呆板的直挺挺姿势。

无论是抓拍或摆拍人像，人物形态一定要美。扭曲失真怪异的形态，会丑化人物，难给观众以美的享受。而人像摄影中的神，则是在优美形态的基础上，摄影作品更高阶的表现手法。所谓神，即人物的神态，它是人物在短暂的瞬间中流露出来的内在性格。人最直接的传神之处就在于眼神，同时，还有一些小的动作也会对表现人物神态有所帮助。

敬翰 摄　模特：小安
焦距 35mm，光圈 f/2，速度 1/1250s，ISO100

当被摄人物进入自己的内心感情世界时，其表情、动作和身体姿态，也会随之流露出来。当然，这种神态除了人物自身之外，环境因素的协调也非常重要——阴霾的天空，被风搅动的大海和冷漠的水泥建筑，都在衬托着人物的孤寂与无助。

人像摄影中的感情传达最难。感情不是单靠人物的单一器官来表达，要想摄影作品中蕴含感情，需要靠画面各个元素间的相互联系，共同表现。这些元素包括人物的眼神、表情、姿态，还包括背景、光线等技法类元素。因此，作品传情，一定要靠摄影人与被拍摄者之间的相互交流，被拍摄者在摄影家的引导下，将深藏的感情抒发出来，才可以被捕捉到。

高帅 摄
焦距 50mm，光圈 f/5.6，速度 1/100s，ISO800

人像作品的神态体现，可以通过眼神来传递出人物的内心世界。我们可以通过作品中人物的眼神，清楚地感受到来自内心的自信和坚定。人物眼神直望相机镜头并流露情感，对于普通人来说会有一定的难度，需要摄影师的交流和引导。

2.5 旅行纪实中的特色景物

高帅 摄
焦距 16mm，光圈 f/10，速度 1/125s，ISO100

将当地的特色建筑作为拍摄主体时，将其周边环境的协调展现出来，会体现出身临其境的整体美感受。作者将水塘、绿树和草地作为前景，利用水岸的线条作为引导线，引导观众视线到画面主体建筑上，不但起到了突出主体的效果，同时还增加了画面形式美。这是更为高阶的突出主体的技法。

在旅行纪实拍摄当中，摄影人来到一个陌生的地域，可谓是样样新奇，看见什么都想拍。旅行摄影中，首要拍摄的一定是当地的标志性建筑，比如教堂、寺院、博物馆以及广场等。而要想突出建筑主体，最好能够做些事先的案头准备工作——看看前人对此拍摄的成功作品，也可以通过上网浏览，或到当地的书店看看相应的画册以及明信片，参考拍摄的角度、天气和时间等。在此有一个相当实用的经验，就是在建筑物附近寻找一个制高点拍摄，这样可以把建筑物全貌和周边的环境完整拍摄下来。

高帅 摄
焦距 35mm，光圈 f/10，速度 1/125s，ISO100

选取制高点，以俯拍的视角，可以更突出城市的环境特点。但一定要在主体建筑突出的基础上，尽量让其处于画面突出显眼的位置，最好能够将它孤立出来，以避免杂乱环境因素的干扰。

小述 摄

焦距 80mm，光圈 f/3.5，速度 1/100s，
ISO100

身着民族特色服饰的女性顾客无疑是
首先吸引拍摄者的。拍摄时，作者格
外注意让其他陪衬人像和环境因素围
绕她而展开，让本身杂乱的拍摄场景，
形成了内在的规律性排列。画面在提
供了丰富信息量的基础上，生动地刻
画出日常生活的鲜活画面。

　　抓拍人物，也是旅行摄影中的重要主体选项。身着民族特色服饰、做着当地特色
生产、生活活动的人物是最有吸引力的。这类人物通常出现在当地民俗节庆活动当中，
而深入到一些当地的集市，收获会更大，那里多是一些原生的生活状态，更加贴近自
然。民俗人像的拍摄，拍摄场地通常比较杂乱，不容易突出人物，最好使用长焦距镜头，
从较远的地方采用抓拍的方式。这种拍摄方法，一是可以在人物不知道的情况下，拍
摄到最自然的状态。同时，还可以尽量地虚化前景和背景，取得突出主体人物的效果。

王勐 摄
焦距 200mm，光圈 f/5.6，速度 1/200s，ISO100

使用长焦距镜头可以在杂乱的场景中很好地突出人物。尽管画面中的孩子和身后的人物相互交叠，但长焦距、大光圈的虚化作用，使其从繁杂的背景中突出出来，其神态和动作清晰可见。

2.6 动植物摄影的精彩细节

动植物摄影，包括静物小品类摄影，它们主体突出的要点在于其细微的质感体现。因为如果观察动植物仅仅是泛泛快速地浏览，很难深入其中观察到它们的细节。而摄影人拍摄，却要为更为接近、更为深入地观察。如拍摄一朵花，会将花瓣的脉络、花蕊的结构等清晰展现；而拍摄昆虫更是纤毫毕现，甚至它们扇动的翅膀都清晰可见；而拍摄鸟类和动物，都是将羽毛和毛发一根根地表现出来。这样的画面效果，才会令观众感到巨大的震惊。

丁博 摄

焦距 200mm，光圈 f/2.8，速度 1/400s，ISO200

在鸟类摄影当中，除了通过精致的细节体现将其羽毛质感无微不至地展现出来，其眼神和姿态中体现的神态特征更可以令作品增彩。在这幅作品中，鹰眼中射出的犀利寒光，绝对有令人胆战心惊的力量，捕捉到这样的眼神，需要作者耐心的等待和丰富的经验。

丁博 摄
焦距 24mm，光圈 f/1.8，速度 1/125s，ISO800

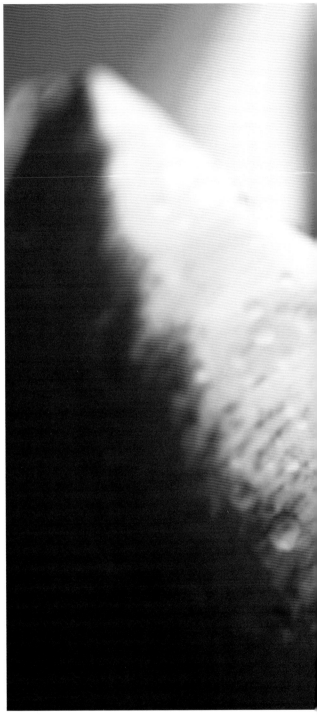

因此，在动植物摄影中，用光、景深控制，镜头选择等拍摄技术，大多为突出主体的细节特征服务，加之精致构图的配合，才会令这类摄影作品有精彩的表现。

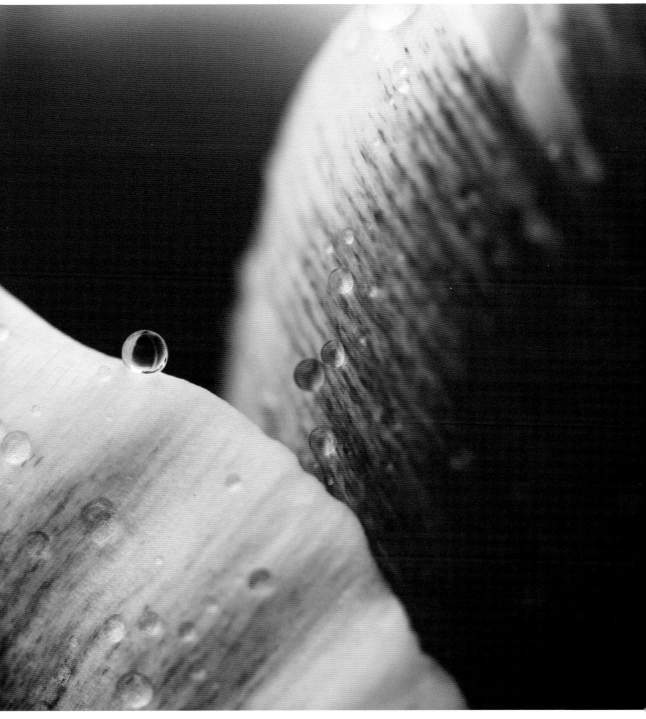

陈杰 摄
焦距 100mm，光圈 f/3.5，速度 1/200s，ISO200

在植物小品摄影当中，有一种专门的镜头，可以令花卉叶脉的细节体现发挥到极致效果，这就是微距镜头。微距镜头是可以将微小景物原大地成像在感光元件上，而通过后期，可以上百倍地将景物放大，这样就可以展现出人眼所观察不到的微观世界了。在这幅作品中，花瓣边缘上一颗完美的水珠，足够令人惊叹。

第 **3** 章

丁博 摄
焦距 35mm，光圈 f/2.8，速度 1/3000s，ISO2000

景物的取舍

景物的取舍，是一幅作品成功与否的潜在因素。它不像主题选择、主体确立、构图用光等技巧运用那样有着明确的规则和标准，但它却体现着一个摄影人的成熟度——一个成熟的、有经验的摄影人会在复杂的创作思考过程中，快速而准确地对景物的取舍做出正确的选择。

但在通过取景框观察景物，进行构图拍摄时，景物的取与舍是摄影爱好者最为头痛的选择。画面中的哪样景物都美、都重要，全都舍不得；而都框进画面中来，主体被淹没不突出，主题也表达不明确，这着实是两难的选择。怎样才能对景物的取舍做出正确的选择呢？我们利用这个简短的章节，来给大家提供一些实用的取舍方法。

问号 摄
焦距 55mm，光圈 f/5.6，速度 1/100s，ISO100

3.1　摄影是减法

　　"绘画是加法，摄影是减法"，这是一条摄影人最应当记住的法则。

　　绘画之所以是加法，因为画家面对的是一张白纸，他要一步步添加画面元素，来丰富画面最终形成完美作品；而摄影之所以是减法，是因为摄影家面对的是错综复杂的现实世界，他要利用相机和镜头，去除那些与创作思想无关的景物元素，精炼出最为出色的摄影作品来。

王勃方 摄
焦距 16mm，光圈 f/8，速度 1/320s，
ISO100

王勃方 摄
焦距 16mm，光圈 f/8，速度
1/200s，ISO100

通过观察作者在同一地点拍摄的两幅作品，我们可以感受到作者的创作思考过程。在前景复杂的作品中，我们可以看到大块的积雪、湖边的房子以及很多人类生活的痕迹，给观众的感受是：生活在这里的人们，面对这如此孤寂而物质贫乏的环境；而另一幅作品，作者减去了岸边上的所有景物，以大面积湖水为前景，直接衬托远山，画面简洁纯粹，直接描绘出自然的朴素本质。如果说前者具有丰富的内容，适合于地理类杂志的说明性配图的话；后者更是一幅具有审美意境的摄影作品。

明白了摄影是减法的道理后，我们对景物的取舍判断就容易多了。在取景时，首先对不利于主题表达的景物，就一定要毫不犹豫地舍去减除；其次，对于思索再三，感觉可要可不要的景物，暂时先将它去掉再说；第三，对于去除不掉的景物，采用虚化或暗化的方法，将它消除。通过这样大刀阔斧的减法运用，使得画面鲜明合理，主体突出，其余画面元素，都与主体相互呼应，形成和谐共生才能让画面既简洁又新颖。

Gyeonlee 摄
焦距 50mm，光圈 f/2，速度 1/800s，ISO100

在人像摄影当中，摄影的减法更多体现在对于拍摄环境、人物的衣着服饰、道具等因素的选择和使用。这幅作品中，拍摄环境仅仅是一片并不引人注意的野草丛，虽然繁多并不杂乱；人物的衣着也相当简洁舒适，并没有太多的装饰和道具。但通过拍摄者镜头感的运用，以及对人物姿态、神情瞬间的把握，人物安详、含蓄的古典美洋溢在画面之中。

3.2　避免杂乱干扰

　　自然景物具有相当大的复杂性和不确定性，所以当我们以它作为拍摄对象或是拍摄背景时，不可避免地会有干扰的景物出现。这些景物是与画面主题无关，甚至是破坏画面整体美感的。因此，在按下快门之前，一定要对画面整体进行一次最后的检查工作，看看是否有干扰杂乱的景物出现。检查的重点一是在主体景物的附近，二是在画面的边角位置。去除干扰的方法可以是稍稍变化拍摄角度，或是缩小取景范围，最重要的原则就是宁缺毋滥。

　　同样精彩的瞬间——猴子的姿态、神情都非常出色，但同一作者在相同时间段、针对同一只小猴拍摄的两张作品，却给人完全不同的感受——一只在动物园笼中，而另一只仿佛是在野外自由生活。其中最大的区别就在于作品背景的差别——明亮背景中有虚化的铁丝网和人造的粗绳，而且绳子还横贯过猴子的身体，略有干扰；另一张背景简洁干净，景物完全陷入黑暗之中不可分辨，小猴的形象刻画非常突出。虽然在拍摄这类题材的很多时候，我们无法自由地控制拍摄角度与背景，但多等待、多拍摄、多动脑思考，一定可以找到相应的避免干扰物的方法。

丁博 摄
焦距 200mm，光圈 f/2.8，速度 1/1500s，ISO640

在人像摄影当中，为了增加画面的朦胧感，以及立体纵深感，通常会采用增加虚化前景的方法，而在增加前景时，一定要仔细观察前景的位置、虚化效果，看是否会干扰到人物。这两幅作品，就是作者在增加前景时，如何调整前景位置，以避免前景树叶对人像干扰。仔细观察，其中一幅树枝完全斜插过人物身体，且眼睛两侧也有模糊的树叶干扰到人物；而作者调整了位置，首先避开头部和胸部前的树枝，而让一小段枝条，缀在白色纱裙上，前景增加得美而协调，整幅作品也完美了。

Gyeonlee 摄
焦距 50mm，光圈 f/2，速度 1/400s，ISO200

3.3 先舍后取，增加陪衬景物

当然，摄影创作的过程并不是一个简单做减法的过程，当把画面元素减少到只有单独的主体景物时，画面就显得过于简单、单调，缺乏艺术创作中的丰富性、韵律性、含蓄性等特点。此时，就需要在舍弃的基础上，再有意识地增加一些景物，让它作为主体的陪衬，起到辅助表现主体，美化画面的作用。增加的景物，一般都是作为陪体出现在画面的背景或前景当中。

王勃方 摄

焦距 40mm，光圈 f/8，速度 1/640s，ISO100

春水化冻，忽然一场大雪，令万寿山一派银装素裹，分外美好。其实光是这份简洁的景色，已是格外美得惊人了。但作者并不满足于此，特意寻找到几枝满是花苞的桃枝作为前景，让原来的山水画面，再多几分意境——花枝和春水相映，预示着春的来临，而雪花似桃花，更增加了恍若更替了季节的感觉。当简化画面后，若觉得构图过于简单空旷，可以增加与画面有关联的景物来丰富画面。

构建画面，是一个反复取舍的过程。而在摄影构图中，一定要遵循先舍后取的原则，即先舍弃各种环境因素，直接明确表现主体，而后再适当增加陪衬景物，丰富画面表现。

问号 摄
焦距 200mm，光圈 f/8，速度 1/40s，ISO100

第**4**章

意境和韵味，是摄影作品中蕴含的人的思维和感情的抽象元素。作为抽象元素，它们在画面中没有实体体现，但会通过画面中的所有具象元素，以及其中的内在关联而形成。意境和韵味，可以营造摄影作品的画面气氛并引发联想，使得作品给观众以更深层的感受。

意境和韵味

4.1 写实与写意

写实，是摄影中最重要的艺术表现特征和表现手法，又可以称它为摄影的纪实性。它需要拍摄者真实地记录和表现被拍摄的人或景物，让观众有更真切的感受，了解到现实情况。当然，摄影创作中的写实性，并不意味着简单机械地复制客观世界，而是要求创作者有目的、有选择地取材拍摄；在拍摄过程中，不但要清晰刻画景物细节特征，还需要抓取具有象征意义的决定性瞬间。

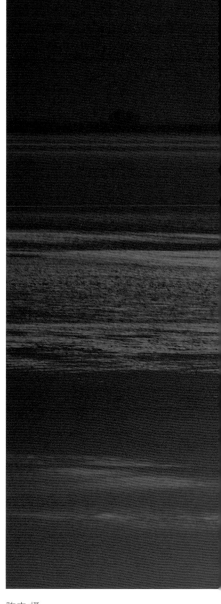

高帅 摄
焦距 35mm，光圈 f/4，速度 1/60s，ISO100

陈杰 摄
焦距 180mm，光圈 f/2.8，速度 1/400s，ISO100

在新闻、报道摄影，以及以记录传播为目的的旅行、风光以及动植物摄影中，尤其要注重作品的写实特征。在这幅作品中，清楚明白地记录下士兵的服装、武器、表情、神态，甚至放大照片，我们能够从身份挂牌上了解到他的名字，而他身后一排休息的士兵，各色的神情也同样清晰明确。在这种写实当中，我们可以清楚地观察到他们生活与执勤中的状态。

写意的手法，注重利用最为简洁的画面效果，而赋予观众更为广阔的想象空间和审美意趣。刚刚升上地平线的太阳，被雾霭半遮半掩，水面映衬这晨曦的金红，两只水鸟一动一静，增添了画面活力。尤其是那只贴近水面、展翅掠过的水鸟，让整个静谧的画面，多了动的灵性，甚至可以幻听到它尖锐的鸣叫声。这就是写意能给我们的审美空间。

写意，是中国传统艺术创作形式中的重要手段，在诗歌、绘画中绝不可缺少。简单地理解写意，是画面深远的涵盖性；而更深的理解则是摄影家通过作品，所表达的自己的思想感情境界——思想感情境界越大，景物会随着作者的情而展开，作品中的意境更为深远。其实，写意并不仅是中国特有的，各国各民族都有自己的写意追求，只是表现形式各有不同罢了。

董帅 摄

焦距 85mm，光圈 f/2.8，速度 1/800s，ISO100

写意的手法，更多地运用在自然风光和花卉小品
的拍摄中。画面中，除了几枝绽放的桃花外，并
无他物，似乎并无什么含义。其实细琢磨之下，
作者利用虚化的前景，烘托出春光柔媚的感觉，
枝枝丫丫的树枝与娇嫩四放的花儿，令人联想到
老枝发新花，万物迎春换新颜。

4.2　含蓄与夸张

　　泛泛而论，传统、东方的表现手法，更注重内向、深藏的间接表现。作为摄影作品深处所蕴含的思想性，通常是深深地隐含在画面的深处，通过艺术化的表现手法，令观众慢慢品味到其中的无穷味道。含蓄，通常会通过隐、藏、内敛的表现手段来表达，画面深远飘逸。比如传统山水画中，高山流水，若隐若现的亭台楼阁，或是渔樵隐士的行进；还有在人像摄影中，通过人物的背影或侧目低眉的表情，都可以带来含蓄的效果。

丁博 摄
焦距 120mm，光圈 f/4，速度 1/400s，ISO100

　　看到这幅作品，令人联想到唐朝诗人刘禹锡"山上层层桃李花，云间烟火是人家"的诗句。作品妙就妙在"隐"上了，山下是层层梯田，山上是茂密的树林，左面是深深沟壑，而山坳之中，若隐若现一座恬静的小村庄，白墙灰瓦，炊烟渺渺，令人心旷神怡，好想去此隐居。

　　而当代的、西方的表现手法，则更喜欢使用直接的、强烈的外露表现方式，将它所要传达的想法或观念，表达出来，让观众一下子就感受到创作者的激情。如在拍摄灾难、战争或街头冲突等题材时，大多会采用直接的、强烈的表现形式，会让观众一下领略到它的残酷和可怕，起到惊醒的作用。

鱼子 摄
焦距 17mm，光圈 f/4，速度 1/80s，ISO2500

　　这是不同作者拍摄的摇滚音乐节上的场景，现代的摇滚乐人更喜欢以外放的形式，直接、强烈地表达他们的音乐感受，因此无论是表演者还是观众都处于夸张近乎疯狂的状态。拍摄他们时，使用的拍摄手法也应与之相应，用更直白、充满力量感的手法——如主体更充满于画面，甚至不惜用超广角镜头，造成变形的效果。

王勍 摄
焦距 200mm，光圈 f/4，速度 1/800s，ISO100

4.3 情景交融

　　情景交融，往往是拍摄者触景生情，由画面中某个
景物体现，而使整个画面带给观众的思想感情的触发。
而摄影作品对观众感情的触发，必须其中蕴含创作者的
深切感情，所谓有情才有意境和韵味。触景生情，情景
交融是令摄影作品具有深刻思想内涵的重要方法。

董帅 摄
焦距 17mm，光圈 f/14，速度 30s，ISO100

相信每一个摄影人在拍摄风景时，一定是心中满是对自然的赞
叹，而创作的热情极高。这种创作的热情，在拍摄此幅作品时，
足以融化冰雪，抵御寒冷。冰清玉洁的世界中，不仅仅沉浸在
静静的流水、雪原和静谧的树林，还有日出的万丈霞光，带来
热烈的温度、蓬勃的希望。从画面中，我们似乎能够感受到，
作者在经讨黎明前的寒冷之后，正浑身满溢的温暖

在风光摄影中，一定是大自然奇美壮丽的风光，令拍摄者深深地感到了心灵的触动，产生了对自然造物的崇敬或深深的归属感，从而有感而拍。而在纪实摄影当中，往往作品中又蕴含着拍摄者对拍摄对象的深深的人文关怀。无论是环境的举得变迁，还是人类的命运多变，都会深刻引发拍摄者与观众的思考。

Gyeonlee 摄
焦距 50mm，光圈 f/2，
速度 1/1600s，ISO200

在人像摄影当中，情景交融更直接地体现在人物的服饰、姿态神情、拍摄环境和光线的相互融合。在这幅作品中，表现古典恬静的气氛，以一片满是落叶的树林为拍摄环境，以最为简洁的衣着，突出了模特光滑皮肤质感，金色的长发，模特的斜倚的姿势，与略带羞涩含蓄的神情，最能够与树林阴郁环境相配，但这沉静气氛，被她脚下的一小片光影所搅乱，仿佛心中起了小小的波澜。

　　情景交融，意境深远，是摄影作品追求的理想目标，宋朝严羽曾在《沧浪诗话》中说道"言有尽而意无穷"，或许可以帮助我们理解意境深远的含义吧。

4.4 构思精巧

构思精巧，意味着我们在通过画面表达思想感情时，无论是采用写实或写意的表现形式，还是采取含蓄或夸张的创作手法，都需要根据拍摄题材和创作主题，以及创作者的创作思想和感情，采用自己喜欢和熟悉的方式灵活运用。如在纪实摄影当中，对待突发的新闻事件，可以采用直接、客观的手法表现，力求真实地再现现场场景；而对于日常的生活场景，则可以运用委婉曲折的表达方式，令作品留有韵味。

花想 摄　模特：Hwaeling
焦距 35mm，光圈 f/1.8，速度 1/2500s，ISO100

这幅作品中，有很多构思精巧之处可令我们品味：一小片开满蓝色小花的绿色草地，深沉似火的红色长裙，人物身体的 S 形曲线，垂下的黑色长发，饱含满足惬意的神情，这些在低角度柔和直射光的照射下得以融合。而作者使用很低的机位，与模特脸部同高的平行角度拍摄，大光圈浅景深的效果，令虚实表现柔和自然。

第 **5** 章

摄影构图是摄影创作中最重要的创作环节，它是拍摄者在头脑中，预先对作品进行组织、安排和设计的思维过程。构图方法在广义涵盖了很多内容，是从观察到取景，明确主题，确定主体，安排景物位置，确保画面均衡，利用明与暗、虚与实、前景与背景等艺术表现手法，进行画面经营的整个思维和行动过程。

对于经验丰富的摄影家来说，取景构图并非难事；但对于初学的爱好者，难免会有无处下手的感觉，不妨按照在此章节中，介绍的实用构图技法顺序一一突破，并结合自己的拍摄实践，相信一定能够快速掌握摄影构图的技法。

实用构图技法

王勃方 摄

焦距 16mm，光圈 f/2.8，速度 1/50s，ISO400

5.1 摄影画幅——横幅、竖幅与方画幅

画幅，是摄影作品横竖的展现形式。我们可以在拍摄前采用横拍或竖拍的不同持机方式，也可以在后期进行相应的剪裁，重新表现作品的形式，这样就可以有更为灵活和创意的方式了。

■ 5.1.1 横幅

绝大多数的照相机取景器都会被设计成横幅的长方形，这与我们的视觉习惯是一致的，因为人的双眼横向排列，我们的视野也是横向的长方形。所以当我们抬起照相机拍摄时，也会习惯于以横幅取景拍摄。横幅的画面适合于表现场景的宽阔，比如延绵的群山，宽阔的草原和大海等。这些场景中，画面受到水平主线的控制（地平线或海平面），所以多数以横幅的画面表现。

王林 摄
焦距 170mm，光圈 f/22，速度 5s，ISO100

为表现宽阔的湖面，一定要采用横幅的取景，而远山如波浪起伏的线条，在湖面晨雾的朦胧映衬下，加深了主题，使得画面悠远了很多。为增加画面的宽阔感，作者以 16:9 的比例进行了剪裁，形成了长卷画面的感觉，简洁深远。

横幅的拍摄比例，常用的数码单反相机比例为 3:2，其他数码相机的画面比例为 4:3；在后期剪裁过程中，横幅的常用比例还有 5:4、7:5、16:9，我们在剪裁时，最好能够采用这些经典的画面比例。

王勍 摄
焦距 80mm，光圈 f/8，速度 1/400s，ISO100

无论是巍峨的雪山，还是近景中褐色的山峦，都是以水平线条方式延展。因此作者选用了横幅的构图，表现出山脉宽旷的怀抱。而山峦平缓处的一座小山村，恰恰位于这宽阔的怀抱之中，得到雪山融水的滋润。注意，作者特意将雪山的最高峰安排在画面中心线上，使画面取得平衡。

老纳 摄
焦距 50mm，光圈 f/2，速度 1/2000s，ISO100

女子高挑的身材凸凹有致，泳装下尽显曲线，十分养眼。画面中无论是漂亮的女孩子，还是高大的椰子树，都是垂直向上伸展着，自然取景方式要采取竖幅了。作者还有意降低了拍摄视角，稍许的仰拍，更突出了女子腿部顺美的线条。

竖幅取景，适合于画面中以竖直线条为主导的景物。和人物近似且适合于使用竖幅的拍摄主体，还包括耸立的险峰峭壁、高大的树木和建筑，以及一些身形直立、修长的鸟类——比如丹顶鹤。

■ 5.1.2 竖幅

初学者很少将照相机竖过来取景拍摄，因为好多时候感觉这样持机不是很顺手。但如果要是我们为人物拍照的时候，最好将照相机竖过来，以竖幅进行取景拍摄。并将这个习惯培养成为一个拍摄人像时的下意识选择。人物无论从身材还是脸型都是在一个竖直方向上发展的。竖幅的画面正好和这个发展的趋势协调相称。

邢颖 摄
焦距 50mm，光圈 f/4，速度 1/100s，ISO1600

模特的脸型非常完美，呈现出竖直方向的椭圆型。取景的画幅构图，必然要和她的脸庞相称。竖幅的头肩肖像取景，重点在于面部的表现，使用对称型的构图，也与人物闭眼凝神的安静状态，取得了和谐。

如果觉得竖幅取景时持机姿势别扭，可以为数码单反配备一只手柄。这样，再持机拍摄时，利用手柄上的快门按钮，就可以和横幅拍摄时采用相同的顺手拍摄姿势了。同时，手柄中还可以增加备用电池，可谓一举两得。

小述 摄
焦距 35mm，光圈 f/1.6，速度 1/125s，ISO100

这幅作品使用竖幅取景，不仅是因为画面中的串串灯笼在竖直方向上排列，而且竖幅取景还可以表现出小巷的狭窄和深远。虚化后的画面深处，隐隐透着几分神秘幽静。

■ 5.1.3 方画幅

　　方画幅，来源于传统胶片中画幅相机中的一些机型，它们成像的底片画幅为正方形的，打破了横幅或竖幅的区别。据说设计本意是拍摄时不用考虑横竖的区别，统一取景，而在后期根据需要，重新进行横竖幅的剪裁。但很多摄影家发现方画幅作品有一种独特的魅力，画面的四周，向画面内部有着均衡的力量，画面平稳含蓄。

问号 摄
焦距 24mm，光圈 f/18，速度 2s，ISO100

水乡宁静，处处如画。而作者看中的是其中蕴含的线条、形状结构。房舍和桥面的直线线条，与桥拱形成的圆形弧线，形成了结构上的冲突。而上下的倒影，更强化了形式感。形式感，是当代艺术的表现手法，方形的画幅，也是形式感的运用手段。试想一下，这样的作品，不是非常适合于作为装饰性的作品进行展示吗？

　　有些数码相机，设置有方画幅的取景剪裁形式，以参考线或遮挡的方式模拟方画幅画面。在想要体现画面均衡、平稳、安静的效果时，不妨试试这种画幅。

高杰 摄
焦距 60mm，光圈 f/2.8，速度 1/1600s，ISO100

方形画面的构图，多采用中心对称型的方式。而作者的创意却很别致，正方形的两个对角，安置了主体和陪体，一个简单、一个复杂，相映成趣。画面简洁有力，大有借鉴之处。

5.2 拍摄高度——平拍、仰拍和俯拍

拍摄高度，是相机与被摄主体在纵向上的高度位置。相机与主体等高为平拍，从高于主体的位置向下拍摄为俯拍，从低于主体的位置向上拍摄为仰拍。拍摄高度不同，作品画面结构和空间表现力不同，对于作品有着重要的影响。

■ 5.2.1 平拍

平拍是我们在拍摄时，与主体在同一高度上，相机以水平或接近于水平的角度进行拍摄。如同我们与人面对面进行交流时，是在相同的高度上相互平视；而环顾四望周边景象，通常也是在水平视线上一样。平拍的角度是我们一种习惯的视觉角度，因此平拍出来的图片带给我们以平凡常见的感觉，所以这种拍摄角度，优点是更利于观众接受，有亲切感；但如果不在构图、光线和瞬间的把握上精心一些，就真的会使图片太过平凡，而不引人注目了。

花想 摄　模特：lanna
焦距35mm，光圈f/2，速度1/2000s，ISO100

蓝天碧水，白纱模特坐在水池边，回眸凝望，情景如梦如幻。作者采用了平拍的视角，以与模特眼睛等高的高度拍摄，画面不但增加了与人物沟通的亲近感，同时还增加了水面为前景，有了身临其境的感觉。

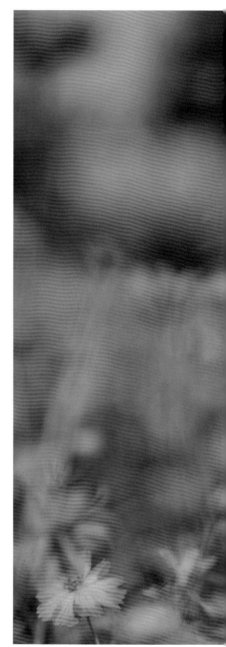

平拍适合的题材：人像、花卉、昆虫

陈杰 摄
焦距 85mm，光圈 f/2，速度 1/4000s，ISO100

拍摄花卉，一定要以平视的角度，才能展示出花卉的全貌——不仅是花朵绽放，支撑花朵的枝茎，也有蜿蜒舒挺的线条。要想拍好花，一定要蹲下身来，从与花卉同高的视角观察拍摄，这样才能发现另一个更美的视界。

平拍风景时的地平线处理

在风光和建筑摄影中，平拍角度也是经常用到的拍摄角度，但如果相机呈完全水平的状态，画面中的地（水）平线会呈现在中间部位，使得画面分为上下两个部分，形成割裂感。为了减弱这种感觉，可以稍许调整相机的俯仰角度，重置地平线位置，会利用增加前景等手段，突破或遮蔽地平线。

阿戈 摄
焦距 17mm，光圈 f/16，速度 30s，ISO100

层层海浪扑打、掠过礁石，长时间的曝光，使它们化身为虚无缥缈的水雾，而礁石上与流水并行的石纹，是否也是因亿万年柔水的冲刷而形成呢？无疑礁石与海浪是作者表现的重点，于是他将海平面上升到画面上部，给予主体更大的表现空间。

■ 5.2.2 俯拍

从高点向下拍摄，即我们常说的俯拍。拍摄点通常要高于被拍摄的景物，镜头向下倾斜，呈俯视的角度。这样，画面中水平线会相应升高，配合广角镜头的使用，能够表现出广阔的景物层次和深远的空间。但同时，这样的俯拍还会从视觉心理上使得地面上的景物变小，以及它们被压扁在地面上。如同诗中说的"会当凌绝顶，一览众山小"。

有经验的风光摄影家一般在到达景区后，通常先到景区的制高点去观察一番。一来可以先观察景区的全貌，对分布的各个景点有所了解；同时那里也是最佳的俯拍景区全景的地点，尤其要事先考虑在日出或日落时分的光线效果和拍摄角度，提前做好拍摄准备。

俯拍适合的题材：风光、城市景观

王勃方 摄

焦距 14mm，光圈 f/13，速度 20s，ISO100

拍摄规模宏大的立交桥，要想拍摄到它的全貌，一定要环顾它的周围，找到一座高楼，从制高点向下俯拍，相信作者就深谙此道。夜景桥梁的表现效果，也要比白天更佳，这是拍摄此类题材的最主要的两个技法。

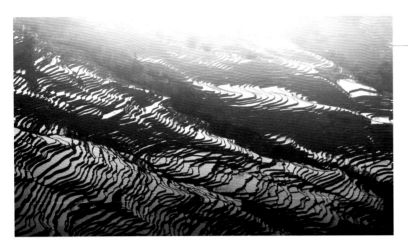

丁博 摄
焦距 135mm，光圈 f/9，速度 1/160s，ISO100

俯拍的视角，会令原来立体的景物，被"压扁"在地面上，失去立体感，只留下外形轮廓线。作者利用这一特点，将沿山而建梯田，描绘成一幅大地的乐章。面对这种线条复杂的画面，取景要一定要紧凑。

老纳 摄
焦距 17mm，光圈 f/22，速度 30s，ISO100

利用广角镜头，站在平地上，也可以俯拍。这样拍摄出来的画面，会有强烈的视觉夸张效果。脚下的两个枯枝所占比例，竟然远大于远处水中的一座树木繁茂的小岛。加之画面夸张的色彩，好像一幅超现实的画作。

■ 5.2.3 仰拍

仰拍，是采用低于主体的高度，相机镜头向上的拍摄角度。这种情况下，画面中的地平线通常会降低或消失，背景是大面积的广阔天空，给人一种深远的感觉。需要注意的是，仰拍会使建筑物两侧平行竖直线条产生汇聚现象，即透视变形，更加剧了建筑物直插蓝天的感觉。受这两方面的相互影响，仰拍在表现景物的高耸和巍峨的气氛上，有着巨大的优势。

仰拍适合题材：
建筑摄影、森林树木摄影、女生全身像

老纳 摄
焦距 50mm，光圈 f/1.8，速度 1/160s，ISO800

在拍摄人像时，从很低的高度（如膝盖高度），采用一定的仰拍视角，可以夸张人物的腿部长度，还可以缩小人物头部比例，带来人像挺拔、修长的效果。作者很好地利用这一技法，以低机位，小仰角拍摄，模特挺秀的身材跃然画面。

王勃方 摄
焦距 16mm，光圈 f/5.6，速度 1/500s，ISO100

王勃方 摄
焦距 16mm，光圈 f/2.8，速度 1/250s，ISO1600

仰拍的视角，非常适合于拍摄高大的建筑物，但仰拍时，角度过大
会形成汇聚变形。作者在拍摄中，对此进行了很好的控制，内景横
拍时是减小仰拍角度；而在竖幅拍摄时，利用门廊做前景，将主体
建筑放置在画面中心，变形被很好地控制住了。

5.3 拍摄方向——正面、侧面与背影

拍摄方向，是我们以被摄主体为中心，围绕这个中心，在同一水平线上，所选择的不同拍摄位置。不同的拍摄方向，不但会影响拍摄到主体正、侧、背面的形象，还会有不同的背景环境关系。所以拍摄前，不妨围绕着主体多转两圈，一方面看看主体的不同面的效果；另外还要观察下不同角度的背景如何。

■ 5.3.1 正面

无论是拍摄人物还是建筑，我们首先的反应，肯定是站在景物的正面仔细观察并构图拍摄。因为正面是最能展现景物特色形象，也是他们习惯展示给我们的角度。从正面拍摄建筑，会给观众以稳重、庄严、肃穆的感受；而人物的正面肖像，则可以突出描绘人的面部特征，图片给人一种传统的静态之美。

敬翰 摄 模特：妮娜
焦距 35mm，光圈 f/1.6，速度 1/1000s，ISO200

拍摄人物正面照，如果要作品突破呆板，是个需要好好研究细节的过程；前景中增加虚化的枝叶，背景要强烈的虚化，而人物的眼睛一定是要"说话"，而稍稍的一歪头，画面一下就活泼了。

正面构图中的细小变化

　　拍摄正面像是一种大众的通常选择，凡是拿着照相机的人都会从这个拍摄方向上拍上一张，把景物放在取景框的正中，而后按下快门。但是有经验的摄影师会对此多一些思考，仰拍让画面多一些蓝天，或俯拍增加地面细节。少许的变化，就可以拍摄出与众不同的摄影作品来。

王勃方 摄
焦距 16mm，光圈 f/5.6，速度 1/800s，ISO100

尽管多数摄影书说建筑正面不要拍，可到了心仪已久的名胜，它的正面像怎能不拍一张呢？但拍摄时一定要讲究，真正找到它的中轴线，构图时做到完全的平衡对称。而后，在人来人往的广场上，又有几位摄影人，能够等到干扰人群最少的时刻呢？

5.3.2 侧面

侧面，又称为正侧面，是与主体正面呈 90° 角的面，这一面通常会与正面的对称均衡态势不同，所以别有特色。尤其是对于女性人像拍摄来说，侧面是个很好的拍摄角度，其侧面的造型，最能体现美女婀娜的身材曲线，以及面部额头、眉骨、鼻梁和嘴唇下颚的优美线条。当然，最重要的一点是，从侧面拍摄，可以使姑娘的身材显得更瘦一些，并且通过配合人物的姿势，为画面增加动态效果。

邢颖 摄
焦距 50mm，光圈 f/1.8，速度 1/100s，ISO800

老纳 摄
焦距 50mm，光圈 f/1.6，速度 1160s，ISO100

正侧面的人物角度，对于模特的身材和脸型轮廓线要求很高，而在实际拍摄中，可以适度地进行调整。针对东方人脸部线条突出的特点，可多利用侧身线条，而转正脸部的造型。而模特摆出的后仰姿态，更夸张了曲线造型。

侧面的剪影效果

　　侧面构图，不突破了我们常见的建筑或人物，左右对称，平衡稳定的视觉感受，是一般人注意到拍摄方向。因此，通过描画他们在这一视角的外形和轮廓线条，并以剪影的效果体现出来，感觉会更好。

董帅 摄
焦距135mm，光圈f/5.6，速度1/400s，ISO200

逆光拍摄人物的剪影时，还会带来明亮轮廓光的效果。这一效果在作品中就体现了出来。轮廓线的形成，受到低角度阳光，暗背景和景物边缘的毛糙状态影响，可以看到，作品中马和狗的轮廓光非常明显。这是由其毛发散射阳光引起的。

■ 5.3.3 斜侧面

斜侧面的拍摄角度是介于正面与侧面之间的拍摄角度。从这个方向上，我们可以兼顾看到被摄对象的两个面——正面和侧面，以及这两个面的结合线。因此景物的立体感就展现出来了。如果我们的取景范围大一些，就可以让主体景物与画面中的其他景物产生透视关系，从而构成画面的空间感、纵深感和方向感。

问号 摄

焦距 16mm，光圈 f/22，速度 20s，ISO100

鉴于斜侧面构图这种优势，它成为了建筑摄影师最常用的构图方式，不但可以有效地表现主体景物，还能使观众有身临其境的感觉。尤其是在斜侧面构图中，建筑物原来水平的线条，会表现成斜线甚至是对角线，让作品有了动势的变化感，突破了平稳中正，视觉冲击力极强。

丁博 摄

焦距 50mm，光圈 f/2，速度 1/4000s，ISO100

背景中大殿房檐的线条，由于斜侧取景的方式产生了很大的倾斜角度，打破了画面的平衡，而铜狮在画面中顶天立地，甚至冲出了顶端，使画面力量感十足。注意，斜侧面取景时，为防止建筑物倾斜，要尤为关注建筑物的垂直线条，令其竖直了，画面也就正了。

5.4 取景景别与镜头焦距的运用
——全景、中景、近景与特写

景别，是指取景范围的大小，取景范围越大，景别也就越大；取景范围小，景别也就小。简单地区分景别，包括全景、中景、近景和特写 4 个，景别的不同和拍摄距离和所运用的镜头焦距相关。

玉勃方 摄
焦距 16mm，光圈 f/8，速度 1/250s，ISO100

全景在拍摄自然风光或城市景象时，运用得最为广泛。在拍摄时，需要注意画面中的主要景物不但要完整，还要为其留有一定的延展空间，而主景物周边，还要有相当丰富的陪衬景物，表现其所处的环境特征。

丁博 摄
焦距 200mm，光圈 f/5，速度 1/1600s，ISO250

山村的全景画面，交待出很多细节。如它所处的半山位置，山上的密林植被，保持了自然风貌，山下的梯田水塘，是村民的生活方式。说明性的全景照片，最好要简明，令人一目了然。

■ 5.4.1 全景

全景，又称为大全景，其取景范围最广，一般为表现广阔空间或开阔场面的画面，通过开阔的视角，表现自然或社会环境的辽阔深远，如延绵的群山，无垠的草原，以及城市全貌等。当然，在画面中还会包括较近处的河流、小湖或道路、建筑等，构成丰富的画面效果。

全景画面的镜头焦距选择：
17mm~28mm 的广角镜头

5.4.2 中景

中景专门突出整体环境中最为出色的、重要的景物，通常也是最有代表性的景物。比如在风光摄影里，山脉的主峰、山谷中曲折的河流以及广场上的地标性建筑等。

高帅 摄
焦距 35mm，光圈 f/8，速度 1/400s，ISO100

中景照片是发挥拍摄者创意的重要形式。作者在构图时，运用了接近黄金分割的比例，安排主体建筑位置，并与天空的浮云相互映衬，画面舒朗明快。

中景的拍摄要点在于表现景物的全貌和细节特征，因此拍摄时取景一定要主体完整，且构图要饱满；而对于周边的陪衬景物可以少取或不取，保证主体的单一性。全景和中景的拍摄，通常都会离主体景物有一定距离，这样才能保证其完整性。

中景画面的镜头焦距选择：
28mm~50mm 的小广角或标准镜头

高帅 摄
焦距 35mm，光圈 f/2.8，速度 1/60s，ISO100

中景画面中，如有几个重要景物要呈现，可以采用水平并列式的构图方式，这样让一个现代化的都市一景，展现在画面中。作者格外注意了画面的平衡感，让左下方的小船均衡了整体。

■ 5.4.3 近景

　　近景，顾名思义是在较近的距离内进行拍摄，而取景范围又通常是景物、最有代表特征的部分，或景物中最出彩的部分。比如人像拍摄中的半身像或头肩像，建筑摄影中的门与窗，以及风光摄影中的主峰或河流的曲折拐弯等，都可以通过近景来表现。

　　近景的拍摄，可以舍弃景物的绝对完整，只要通过最有特点的部分来代表整体，起到局部代表整体的效果即可。在近景拍摄中，应该有一定的背景和环境信息的交待，但占据的比例可以很小。

中景画面的镜头焦距选择：50mm~100mm 的标准或中长焦距镜头

董帅 摄

焦距 80mm，光圈 f/9，速度 1/320s，ISO100

作者格外突出了景物最精彩的部分：河道拐弯处的 C 形曲线，金黄的沙滩和宝石蓝的河水，形成了强烈的色彩对比，西部的风景，浓缩于画面之中。

■ 5.4.4 特写

　　特写，是在画面中夸张式地放大主体景物的局部细节，更强调了景物局部的线条、形状、质感和情感流露等。比如人像摄影中，人物眼神的特写；而动植物、昆虫摄影中，则是眼睛神态、毛皮花纹的特写镜头，还有建筑摄影中瓦檐、纹样等。

王林 摄
焦距 90mm，光圈 f/5，速度 1/125s，ISO100

仅仅是两只相搭在一起的手，就说明了作者想要表达的一切了。新生与衰老，娇嫩与粗糙，演示着过去与未来，生命的历程与循环。特写镜头更要求作者的浓缩能力，而带给读者的是宽广的思考空间。

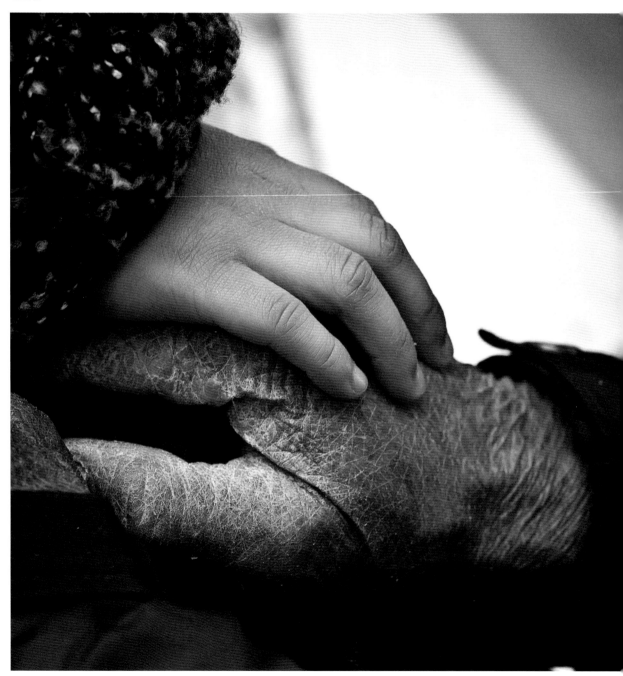

特写的拍摄中，往往采用充满式的构图，来增加细节形象的冲击力，环境信息很少或被排除出画面以外。因此在构图拍摄时，最好进行仔细斟酌。选择景物的最有魅力的部分，让画面富于变化且突出形式美感，让观众得到震撼美的感受。

全景画面的镜头焦距选择：特写的镜头焦距选择：80mm 以上的中长焦距镜头

高帅 摄

焦距 80mm，光圈 f/5.6，速度 1/125s，ISO100

小小一幅画面，可以是作者的一个谜面——这是什么？哈哈，夏洛克·福尔摩斯，贝克街 221 号 b。你猜到了么？一个小小的乐趣。

5.5 丰富景物层次与立体感表现——前景与背景

如果想要平面的摄影作品具有立体感的表现，最为简便的方法是让画面有着层次上的丰富变化。通常摄影作品的主体部分位于画面的中间层次，而主体前面位置的景物称为前景，主体后面的景物为背景。有了这三个景物层次，不仅可以增加作品的立体效果，前景、背景还可以对中景主体起到烘托和美化的效果。

■ 5.5.1 前景

　　无论是拍摄风光还是人像作品时，都可以简洁而直接地进行拍摄表现。但如果感觉景物主体不够突出或画面单调时，可以考虑在画面中增加前景，来丰富和活跃画面。

　　考虑增加前景时，最好选择与主体有一定距离的景物，并仔细调整拍摄位置，放置前景切勿覆盖而干扰主体。同时，增加前景时，一定要考虑前景要与主体协调，要从色彩、明暗和关联性上进行综合考虑。对于一般的摄影创作来说，增加前景的原则是：前景位置适宜在画面四周及边角色彩宜淡，前景景物宜虚化、宜暗。

敬翰 摄　模特：李悦
焦距 50mm，光圈 f/1.6，速度 1/50s，ISO320

拍摄人像摄影到一定的水平之后，就可以多考虑增加虚化的前景，来美化画面效果。简单的两枝枝叶，衬托出了幽雅的环境场所，而人物在这虚实之间，更显安静优雅。

　　　注意，恰当地选取前景，可以增强画面的空间感，明显地提高画面的表现力和感染力；而不恰当地运用前景，反而则会分散主体的吸引力，甚至造成喧宾夺主的不良影响。因此，前景的增加要慎重，如果稍觉不妥，索性去除它。

王昊天 摄
焦距 17mm，光圈 f/22，速度 40s，ISO100

这棵苍老的古树，不但突破了画面的平缓，从画面一角的小路局部，还可以得知，这应是当地重要的景物。细想来，当地人应视它是有灵性的，守护着一方山水人。如果前景是这样有意义的景物，画面意境就更深了。

■ 5.5.2 背景

　　背景是位于主体后面，并有一定距离的景物。从上一节取景景别中得知，除了特写照片没有或很少有背景，其他取景拍摄中，都会牵扯到背景的问题。背景在照片中通常会起到两个作用：一是帮助表现主题，衬托主体；二是通过明暗及虚实的对比来突出主体。

Gyeonlee 摄
焦距 50mm，光圈 f/2，速度 1/80s，ISO400

林中女多了几分神秘，多了几分诡异。幽暗的背景、落叶、杂枝，作者没有追求对背景的完全虚化，而是让其若隐若现。背景是与人物的外形、服饰以及表情、姿态相融合的，起到了烘托气氛的作用。

在风光或纪实题材拍摄时，背景会起到帮助说明环境、衬托主体的作用，所以，此时背景适宜清晰一些，增加画面的信息量。而在人像、动植物小品题材拍摄中，背景则多适宜虚化，以突出主体景物，这样的画面效果更佳。

无论是哪种拍摄题材，处理背景有几条重要的原则：一是避免杂乱，尤其是对主体有干扰的背景景物，一定要避开它；二是与主题无关的景物，一定要去除；三是背景宜暗，这样既可以通过明暗对比，衬托明亮主体，又可以让难以避开的杂乱背景隐藏起来。

阿戈 摄

焦距 24mm，光圈 f/11，速度 30s，ISO200

陈杰 摄

焦距 200mm，光圈 f/4，速度 1/160s，ISO200

在动植物小品的拍摄中，最好让背景完全暗下去，虚化掉，这样才能显现出细小的景物。如本作品中亮丽的红枫叶，还有枝条上闪烁的点点雨露。

5.6 画面元素与构成——点和线的结合

摄影与绘画同为平面表现艺术，因此在画面构成的基本元素是相同的，都是由点、线的相互结合。画面中抽象的点、线，可以组成千变万化的形状，形成立体的层面，因此巧妙地结合它们，让画面充满生气，就是个要深入了解和仔细考虑的问题。

老纳 摄
焦距 50mm，光圈 f/1.8，速度 1/400s，ISO100

人物的一点黑眸，无疑是画面的"重点"。观众的目光，一定是首先从人物的眼睛开始，而后向画面的其他部分扩展开来。这也是画面中重"点"的作用，它有着提醒关键的作用。

■ 5.6.1 画面中重要的点

在取景时，有一些需要重点表现的景物，我们可以把它们抽象成为点，如太阳或远处的人、车等，它们虽然比例很小，但对主题表现很重要。而这些景物中的点，最好和画面构图中重要的点（位置）相互结合。这样，点的景物才会突出，构图才显得完美。而画面构图重要的点，包括三分法中的 4 个交叉点，以及画面的中心点。重合点状景物与画面重要位置点，是构图的重要方法之一。

陈杰 摄

焦距 50mm，光圈 f/8，速度 1/200s，ISO100

点在画面中很不容易体现出来。作者大胆地用了最简洁的画面构成——一船，一桥洞，其余全是黑暗的水面。船的点，与桥洞的弧线，相互呼应。亮水与暗水对比，而蓝色的船夫背影格外凸显。

5.6.2 让线条发挥重要作用

在摄影画面中，线条发挥着极其重要的作用，可以说，凡表现景物形态，都离不开线条；不仅如此，线条还发挥着将不同景物联结在一起，引导观众视线等关键的作用。

具体来说，作品中的明显线条有景物自身的轮廓线条，而隐含的有不同影调交接处所形成的线条。从线型种类上还有直线、曲线之分；方向还有竖直线、水平线和斜线之分。它们从视觉感受上又有不同，巧妙运用，可以给画面不同的感觉。

直线：稳定、刚强。

曲线：优美、柔和。

竖直线：严肃、庄重。

水平线：稳定、安静、平衡。

斜线：运动、活泼。

高帅 摄
焦距60mm，光圈f/5.6，速度1/125s，ISO100

竖直线在这幅画面中的作用可谓淋漓尽致。站姿笔挺的士兵，在王宫白墙下显得那么具有冲突感，尤其是那一身迷彩制服。大家还可以注意一下士兵的位置安排，也是有心之作。

王林 摄
焦距200mm，光圈f/16，速度1/400s，ISO400

蜿蜒的河流线条，如同书法家在大地上挥洒而成，柔美而富有韵律感。而这书法家，就是自然造化，实在不知他是出于什么考虑，不直来直去。作者留心画面中心的几匹骏马，令柔美曲线间，有了几点灵气。

陈杰 摄
焦距 50mm，光圈 f/22，速度 30s，ISO100

拍摄道路，从斜侧方向拍摄，便可以形成对角线构图，这种强烈的极具割裂感的线条，带来的是画面的视觉冲击力。表现出现代化城市的特点——繁华、热烈的表象，孤独、冷漠的内里。

高帅 摄
焦距 35mm，光圈 f/5.6，速度 10s，ISO100

当竖直的线条如声律线般排列，自然也会给画面带来旋律的声音享受。无疑这幅画面，带给我们的是雄壮有力的乐章，这是否也是城市设计者、建设者，所要呈现给大家的呢？

陈杰 摄
焦距 200mm，光圈 f/7.1，速度 1/8000s，ISO200

平行的水平线条分布，对于画面的影响，是舒缓、安静的。这有别于对角线和垂直线的感觉。这幅画面中，让我们隐约感受到五线谱的痕迹，而小有起伏的鹭鸟黑影，音符节律如隐隐跳跃着的民谣小调。

王勃方 摄
焦距 24mm，光圈 f/11，速度 10s，ISO100

复杂的画面中，各种线条繁复，于是线条的结构构成，运用起来就比较复杂了。总的原则是：找出画面中那条制约一切线条方向的基本线条，让其他线条与之配合，形成和谐、有机的结合。这样的控制方法，可以避免画面线条的杂乱感。本幅作品中，无疑左下到右上的对角线是主导线条，其他的线条围绕其发散。

5.7 表现形式与效果——虚与实的控制

虚与实，是摄影造型艺术最基本、最重要的表现形式和手法，它会直接影响到画面呈现的艺术效果。什么样的题材画面要重实轻虚，什么样的题材画面要重虚轻实；而重虚的画面中，哪点实，哪点虚，都是要反复考虑、控制到位的拍摄难点。

■ 5.7.1 重在实处

摄影画面只虚不实，一片模糊，完全辨认不出主体轮廓，体现不出作品的主题，无疑是一幅失败的作品。因此，拍摄的重点、中心景物表现上，一定要实，要予以清晰的表现。在拍摄操作上，要以它们为对焦点，进行精准的对焦，即所谓的焦点景物。

高杰 摄
焦距 60mm，光圈 f/2，速度 1/400s，ISO100

拍摄昆虫小品时，虚化的背景是用来衬托焦点（重点）景物的，因此在拍摄时，焦点的选择必须非常精确，甚至容不下几毫米的偏差。比如这幅瓢虫的作品，焦点明确地确定在其头部的尖端，大家可以看到甲壳的光泽质感，而其头部触角的小枝丫，都能够清晰地体现出来。这给作品带来了超出人眼视力的细节表现程度。

　　在讨论摄影作品时，大家常常关注其虚化效果如何如何。其实，这是因为清晰的焦点景物是摄影作品的必要条件，对于摄影人来说无需过多谈论；而对于初学者来说，会感觉虚化的形式更重要。要扭转这一错误观念，记住"重在实处"是摄影作品成功与否的基本条件。

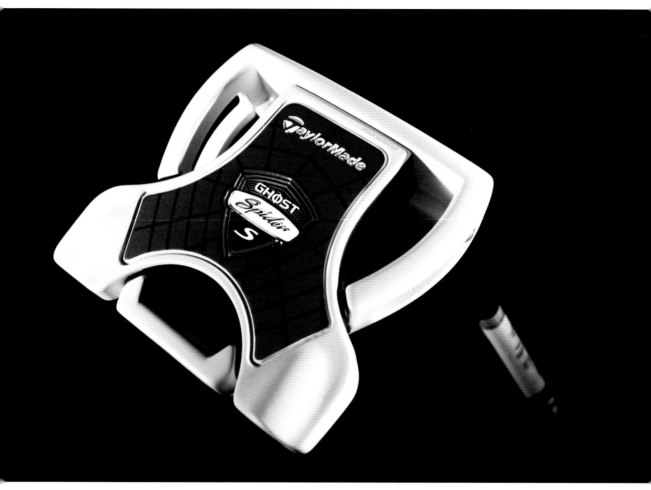

邢颖 摄
焦距 50mm，光圈 f/11，速度 1/125s，ISO100

对于商业广告类的产品照片，通常都需要极其清晰的效果，以体现商品本身的材质的真实特性。因此，这类作品要求整体的清晰范围更大，不仅是焦点处清晰，与之相连的前后部分也要清晰，因此多使用 F11-F22 的小光圈，以追求大景深效果。这幅作品中，可以看到球杆头的整个立体部分都很清晰。

■ 5.7.2 虚化效果

　　虚化，是摄影创意的重要表现手段，是指景物虚化所产生的艺术效果。虚化的作用，主要从两方面来体现：一是为了突出主体，二是烘托气氛，增加作品感染力。通过虚化的背景，清晰的主体自然引人注目，这是通过虚实对比来突出主体；而通过虚化，若隐若现、隐而不露，则给观众留有想象和思考的空间，让作品形成意境。

花想 摄　模特：lanna
焦距 35mm，光圈 f/1.4，速度 1/1600s，ISO100

虚化是人像摄影中重要的创意手段。景中的人物是视觉中心，必须清晰明确，而作品通过虚化前景和背景，烘托出如梦如幻的效果，人物仿佛在梦中相见。

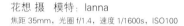

问号 摄
焦距 150mm，光圈 f/8，速度 1/400s，ISO100

这是一幅利用了雾虚和光虚造就的作品。山村的晨雾中，阳光透过大树照来，形成了光影的交错。整个作品虚与实，明与暗，冷与暖相互融合交错，亦真亦幻，有了几分印象派作品的味道。

　　要想形成虚化效果，可以有两种途径，其一是通过拍摄技术手段，即使用镜头大光圈、快门速度和控制主体与背景的距离等方法，来形成虚化效果；其二就是利用自然条件来形成虚化效果，包括光虚、云虚、雾虚、气虚、烟虚、尘虚、风虚和半透介质虚化等。

5.8 构图中的传统与探索——留白与开放

在摄影构图中，还有一些特殊的技法，比如留白与开放式构图。这些技法，都是锦上添花类型的——虽不是非常重要的，但运用得当，会令作品更臻完美或耳目一新。

丁博 摄
焦距 160mm，光圈 f/4，速度 1/200s，ISO200

在作品中大面积的留白，绝对是大胆的创意。一排姿态几乎完全相同的海鸥，一个个看来，竟然有一只不听话地侧过身来，还有一只偷懒练起了独立。如果不是大面积的留白所产生的纯粹画面，相信观众很难去关注这些细节。传统中国画和当代西洋画中都不乏类似形式的作品。

问号 摄

焦距 60mm，光圈 f/8，速度 1/100s，ISO100

夏季的草场从缓坡到山岗一派葱绿，如果是直接拍摄，画面直白，也缺乏一个视觉中心来吸引注意。而云雾飘过山岗，挡住了部分景物，画面留有空白，反而令作品增添的想象的空间，给观众以品味的意境。

■ 5.8.1 留白

　　如果一幅画面被各种景物塞得满满的，没有一点空白，就会给人一种紧张、压抑感，有一种透不过气来的感觉，尤其在风光摄影中，过满的画面，会失去空间纵深感。而留白在画面上通常只需要保留比较小的空间，适当地留出空白的空间，才会使人的视觉有回旋的余地。空白处应当与密实的景物互相映衬，进行有机的联系，才会使得画面自然协调。留白是中国传统画的重要技法，所留的空白空间通常是江湖水面或云气雾障，而在摄影作品中，除了运用这些景物外，还可以多考虑利用天空进行留白。

■ 5.8.2 开放

开放式构图又被称作不完整构图或破坏性构图，它意在打破我们常用的追求完整、平衡、协调等构图评判标准。故意截取人物或景物的不完整画面，并打破平衡对称关系，从而构成一种具有强烈视觉刺激和心理紧张感的图片。

邢颖 摄
焦距 50mm，光圈 f/1.6，速度 1/100s，ISO1250

大胆地裁掉人物的眼睛，画面中心模糊的手，作者破坏了很多经典的构图原则，但整个画面的意境并不缺失，通过细微的动作，能够感受到人物的情绪。开发性构图，要做到景缺意不缺。

鱼子 摄
焦距 23mm，光圈 f/11，速度 1/50s，ISO200

整幅画面中，没有一个明确的人物形象，没有人与人、人与景的关系，仿佛是将不相关的画面元素，通过剪贴的方法拼到一个画面中。但作者正是在表达这种情绪上错乱、隔膜感，仿佛人人都生活在一个独立的宇宙之中，外界的一切，与我并不相关。

作为一种具有挑战和探索性的尝试，开放式构图希望打破图片边缘的封闭的画框，将画面形象延伸到画面之外，并进入观众的现实生活中，引起与观众的交流，而且经常会传达出创作者的主观情绪。当然如果开放式构图没有内在情绪支撑时，反而会起到适得其反的效果，所以大家在创作时应慎用。

5.9　主体的位置安排

　　在构图三原则中，突出主体是首要原则。因此在创作构图时，需要首先考虑主体的位置安排。在摄影以及绘画长久的艺术创作实践中，形成了一些安排主体位置的规律，即画面中心法、三分法和黄金分割率，这些规律运用广泛，以此安排主体位置，画面在具有美感的同时，也起到了突出主体的效果。

王林 摄
焦距 30mm，光圈 f/11，速度 30s，ISO100

■ 5.9.1 中心位置

　　将主体放置在画面中心进行构图，是最为经典的构图方式。这种构图方式的最大优点就在于主体突出、明确，而且画面容易取得左右平衡的效果，对于严谨、庄严和富于装饰性的摄影作品尤为有效。

　　这种构图方式在建筑、城市广场以及山岳等风光摄影中最为常用，通过突出建筑左右对称的结构，在画面中表现出安静、沉稳、庄重的韵味。但需要注意的是，我们在拍摄自然风光时，应尽量避免使用中心位置，这一位置会给作品带来过于拘谨、呆滞的感觉，缺乏灵动感。

王勃方 摄
焦距 18mm，光圈 f/22，速度 1/13s，ISO100

故宫角楼的照片，看过无数，最终还是使用这种中心位置构图的作品，最为耐看。角楼建筑、雄伟城墙、上下天光，乃至这一整体风景，都在演绎着完美的对称结构。

花想 摄　模特：lanna
焦距 16mm，光圈 f/8，速度 1/4s，ISO100

人像摄影中，也不要排斥中心构图。因为最为突出人物的位置，还是画面的中心位置。而根据人物的姿态，可以让头部更偏向画面的上方，这样小小的调整，使得中心构图有了变化之美。

■ 5.9.2 三分法

　　三分法，就是将构图框用横竖线进行三等分，将画面三等分后所形成的 4 条线和 4 个交点，便是安排主体景物的理想位置。使用三分法安排主体，由于避开了画面正中心位置，就增加了画面变化，带来灵动感觉。三分法在风光、人像、动植物小品以及纪实摄影中都有着广泛的应用，可谓是一种万能方法。

高帅 摄
焦距 70mm，光圈 f/8，速度 1/250s，ISO100

天空被浓重的乌云所笼罩，层次单调。而城市中鳞次栉比而又类似的建筑物，以重复的节奏感，形成了内在的秩序，或许这就是这个城市的特色，也代表了现代化都市的统一格调。作者利用三分法的上面水平线，安排地平线位置，减小天空比例，而突出了城市建筑的场景，尤其表现出其深远的延展深度。

敬翰 摄　模特：邢静
焦距 35mm，光圈 f/1.6，速度 1/6400s，ISO100

通常情况下，利用三分法安排人物，会让人物面向的一侧空间更大一些。而作者把人物安排到相对狭窄的一侧，实际是根据了人物目光的方向，可以感受到，人物转身运动的方向是朝向这一侧的，因此画面看来非常协调。

陈杰 摄
焦距 160mm，光圈 f/8，速度 1/2500s，ISO200

三分法所形成的 4 个交叉点，在安排两个重点景物时，最好以对角的方式，这样可以让画面保持平衡。大潮激起的浪花，和直播的飞机，就呈现了这样一种位置关系，两者既相对分离，有互有内在联系。
在拍摄山峰、建筑、高大树木或环境人像时，三分法中的两条竖直线，是安排主体的理想参考位置。在实际运用中，可以将画面主体安排在一侧的竖直线处，而将陪体安排在另一条数值线附近，即避免了两者相互重合，又使得画面形成平衡。

陈杰 摄
焦距 70mm，光圈 f/5，速度 1/320s，ISO200

高帅 摄
焦距 21mm，光圈 f/5.6，速度 1/400s，ISO100

从斜侧角度拍摄建筑物时，可以多利用三分法
来进行构图。作者将阳光照射下的塔楼，安排
在画面右侧，而左侧是阳光射来的方向，留有
更广阔的空间，令建筑物正面的方向感，有了
明确的展示。

敬翰 摄　模特：鹿溪
焦距 35mm，光圈 f/1.4，速度 1/60s，ISO1600

夜景人像中，分别利用三分法的左右两侧安排人物与景物，这是最佳的构图方式。作者在人脸的
朝向处理上，有可以借鉴之处——朝向黑暗的一侧，使人脸在暗背景下，更显突出。如果朝向光
亮一侧，难免会和高亮景物形成冲突。

花想 摄　模特：草莓
焦距 50mm，光圈 f/5，速度 1/125s，ISO200

和谐的画面中，到处可以找到黄金分割率的影响：人物所处的位置，在整个堤岸线的黄金分割点上，人物的高度和画面的高度，堤岸线和画面对角线等也是。或许这并不是作者有意为之，但黄金分割率正是从和谐中，找出的数学规律。

■ 5.9.3 黄金分割率

黄金分割律是古希腊数学家欧多克索斯发现的：将一条线段分为长短两段，短线与长线之比例，等于长线与原长之比例，这一比例是 1:1.618=0.618:1。黄金比例这一神奇的比例数字，在生活的方方面面中，都有着奇异的实用性和朴素美感。在摄影中，常把黄金分割率做为三分法（0.666）的补充和延伸使用，即让画面的主体位置，更靠向画面的中心一些，从而突破 1/3 的死板规律。

王林 摄
焦距 100mm，光圈 f/5.6，速度 1/125s，ISO400

5.10　形状型实用构图技法

形状型构图，是利用常见的抽象线条、形状等作为抽象代表，帮助在摄影构图时进行画面构建，这些形状都有着典型性特征，在我们的拍摄景物中也比较常见。

■ 5.10.1　水平线构图

水平线构图，是在构图时，将相似的景物并排安置在一条水平线上。水平线构图通常用于建筑或人像合影之中，这样构图功能性很强。但如果创造性地利用于纪实抓拍中，将一些有趣的画面元素并排在一起，形成比较，也会带来不一般的趣味。

构图时一定要保持住画面的水平，防止倾斜造成画面的失衡。

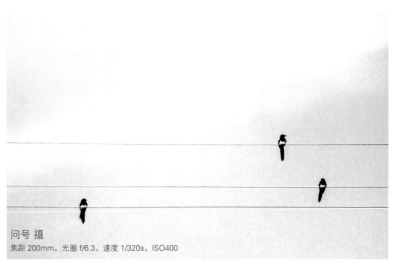

问号 摄
焦距 200mm，光圈 f/6.3，速度 1/320s，ISO400

简洁的画面，充满着趣味，而这完全依赖于作者对生活的细腻观察与热爱。三条水平电线上，错落着三只白肚黑喜鹊，它们是吵了架，还是各自在看风景？或更像是停留的小音符。水平线构图时，要多考虑变化和突破，避免平淡。

王勃方 摄
焦距 16mm，光圈 f/8，速度 15s，ISO100（多张合成）

笔直的海平线、地平线，在构图时容易找平，而牵扯到气氛的山峦线、不规则的湖岸线，找水平就有一定的困难。这幅作品中，实际并没有任何可以参考的水平线条。此时不妨利用相机上的电子水平仪，来进行调整控制，方便又准确。

■ 5.10.2 对角线构图

对角线的构图方式，也是一种经典的构图方式。它通过明确连接画面对角的线形关系，打破画面的平衡感，从而为画面提供活泼和运动的感觉，为画面带来强烈的视觉冲击力。在体育运动、新闻纪实等题材中比较常用，而在风景和建筑摄影中，它经常表现一些风景局部，如建筑的边缘、山峦的一侧斜坡或河流的一段等。

丁博 摄
焦距 80mm，光圈 f/2.8，速度 1/640s，ISO200

这幅作品中，对角线的构图的感觉并不突兀，相反非常协调。这来源于画面内部，许多房屋的尖顶，起着内部和谐的支撑作用，而且山势的走向即是如此，可谓与自然和谐相处。

吕小川 摄
焦距 35mm，光圈 f/2.8，速度 1/200s，ISO100

取景时，故意让相机倾斜一定角度，就使得原本直立的人物处于对角线上了。这是拍摄人像的一种特殊手法，其目的在于破坏画面的平衡，使其处于一种不稳定的状态，而不稳定的状态，还暗示着一种潜在的运动感觉。不知大家能否从画面中找到其中的玄妙。

■ 5.10.3 三角形构图

三角形构图,又称为金字塔构图,画面中的主体构成正三角形或是接近正三角形的结构形式。三角形构图方式可以给画面带来沉稳、安定感,带给观众一种强大的内在重量印象。三角形构图可能来自一些孤立的山峰、建筑的局部等现成景物,也可以来自于近大远小的透视变形。中正地拍摄一条延伸到无穷远处的道路,就可以形成这种构图方法,它除了可以带来稳定感外,还增加了画面的深远感觉,也是拍摄广阔风景的一种经典构图。

高杰 摄
焦距 70mm,光圈 f/13,速度 1/15s,ISO200

画面中,不仅有山峰、亭子的外观形状为三角形,其中山峰、亭子和左侧的大树,也形成了内在的三角形构图。画面安静平稳,充满着安宁的气息。

王勃方 摄
焦距 24mm,光圈 f/13,速度 25s,ISO100

即使是方块形的建筑,在较近的距离下,用广角镜头仰拍,也会利用透视原理,将其变形为三角形结构。重要的是找到最完美的拍摄点,让这种稳定结构,准确地表现到画面中来。相信作者对此费了很多心思,让本身奇异的结构,形成了稳定的三角形结构趋势。

■ 5.10.4 放射线构图

　　放射线构图，又称为辐射式构图，是一簇从同一点发射出去的线条，它既有着向太阳光一样的光芒四射的效果，又对观众的视线有很强的引导和集中效果，让观看者的注意力被汇集到一点，起到引申加强的作用。常用于风光、建筑和花卉小品等摄影题材中，带来富有朝气、生动活泼的感觉。

问号 摄

焦距 55mm，光圈 f/10，速度 1/200s，ISO100

丁博 摄
焦距 16mm，光圈 f/8，速度 1/30s，ISO400

陈杰 摄
焦距 100mm，光圈 f/4.5，速度 1/200s，ISO125

自然界的微小景物中，放射线结构的景物很
多，尤其是花卉，大都是这样的结构。而蒲公
英在放射线的结构上，还叠加了伞状放射。微
观摄影下，我们更会惊叹于自然造化的完美。

鱼子 摄
焦距 40mm，光圈 f/5.6，速度 1/40s，ISO8000

作者利用一道隔墙将画面一分为二，形成两个交错的空间，一明一暗。而两个空间中，人物又一来一往。空间的立体感，时空的错落感中，挣扎着作者对摄影的探索。

■ 5.10.5 画框式构图

画框式构图，又称为框架式构图，它利用画面中的线条形成全封闭或半封闭的框架结构。利用门、窗、洞口等作为框架，为主体增加了一个画框，形成"景中有景"的感觉。这个框架不但可以约束住画面的主体，起到限定观众视野的作用，更能够将观众的注意力集中到作者所要表现的主题上来。框架的出现还能表达出画面纵深的空间感，产生强烈的空间变换和透视效果，给观众以身临其境的现场感。

王林 摄
焦距 24mm，光圈 f/16，速度 1/320s，ISO400

在拍摄草原、戈壁等开阔平坦的景观时，使用画框式的构图，可以突破画面过于平淡的感觉。在这幅作品中，作者利用车窗的线条，作为画框，不但突出了画面中的重要景物——车队和远处的风车群，更重要的是增加了画面的形式感，起到了醒目的感觉。

5.11 字母型实用构图技法

字母型构图，是利用一些英文字母，来对构图方法进行抽象化解释，帮助初学者快速记忆。

■ 5.11.1 "L"形构图

"L"形构图多用于拍摄高大的树木或笔直建筑物等，它们与画面中的地平线形成字母"L"（或反向）的组合形象，这些树木或建筑物会作为前景，为画面带来庄重和有力量的感觉。

王勃方 摄
焦距 16mm，光圈 f/8，速度 1/160s，ISO100

作品中添加路标形成"L"形构图，并不只是起到说明地理位置的作用，实际上是利用这一竖直线条，改善画面水平线条过于平缓、重复的趋势。它的加入，让画面醒目了很多。

董帅 摄

焦距 30mm，光圈 f/18，速度 1/500s，ISO100

丁博 摄
焦距 50mm，光圈 f/2，
速度 1/5000s，ISO200

■ 5.11.2 "V"形构图

"V"形构图多用于拍摄峡谷、隧道等特殊景物，或两侧是高楼大厦的街景。它一方面可以给人带来雄伟、高阔和纵深的感觉，同时也隐含一些收缩的压抑感觉。

高杰 摄
焦距 50mm，光圈 f/10，速度 1/125s，ISO100

随着高楼越来越多，我们的街道显得越来越狭窄。强烈的"V"形构图，如果两侧高楼的竖直线条向内侧倾斜，画面的挤压感就出现了。好像大楼要向我们倾倒、坍塌下来。这和我们行走其中的感觉，多么相似啊。

董帅 摄
焦距 18mm，光圈 f/8，速度
1/640s，ISO100

高帅 摄
焦距 28mm，光圈 f/8，速度
1/100s，ISO100

利用广角镜头，拍摄笔直、通向无穷远处的公路，实际上是反向使用了"V"形构图，与正向"V"形构图相反，它所带来的感受是深远、开阔、无垠，看了这样的作品，自然心胸也开朗了很多。

■ 5.11.3 "C"形构图

　　"C"形构图是画面当中，由超出半圆的弧线作为主导，近似于字母"C"。通常河、塘、湖、海的岸边，会有这样的曲线线条。"C"形中心可以处理成为空白，或有些小的景物进行点缀，它的整体艺术感染力给人潇洒、生动富有活力的感觉。

董帅 摄
焦距 50mm，光圈 f/9，速度 1/320s，ISO100

高杰 摄
焦距 24mm，光圈 f/2.8，速度
1/4000s，ISO200

人造的景物中，"C"形的结构并不太多。或许是因为人越来越追求实用性、功能性、简化性的结果。而美的享受与这些性质是有一定距离的，这是一幅多美的观光摩天轮的照片啊，坐在其中，缓缓升起，看景色一点点开阔，将是多么享受的事情！这应该比直达摩天大楼顶眺望一番，更有过程的乐趣感吧。

问号 摄
焦距 18mm，光圈 f/8，速度 1/160s，ISO100

■ 5.11.4 "S"形构图

　　"S"形曲线的构图，通常被我们运用于拍摄女性人像，在恬静舒缓的风光中，如蜿蜒的小路，峡谷中的河流等，它们因自然地势的影响，呈现曲线蜿蜒。画面中主体的曲线造型，可以带来优美、柔和的感觉，而当曲线形的道路或河流成为画面中的陪体，还可以起到引导观众视线的作用。

Gyeonlee 摄

拍摄女性全身像时，"S"形体现于身体的几个关键部位。从这幅作品中，我们可以一目了然：首先是头颈部和上身的弯曲角度，其二是膝盖处，大腿和小腿的弯曲角度。这两个角是反向的，控制好，"S"形自然体现出来了。

董帅 摄
焦距 18mm, 光圈 f/3.5, 速度 1/125s, ISO200

"S" 形构图的美, 在作品中体现得淋漓尽致。大河弯曲一直延伸到远方的山, 这优美的曲线, 需要多么宽广的心胸, 才能勾画出来。观看这样一幅作品, 已经感到美得窒息了, 不知作者身处其中, 心情又是怎样的一番澎湃了。

　　构图时, 我们最好综合考虑曲线安排的位置, 通常正中的位置, 会割裂画面, 破坏优美柔和感, 而让它偏向画面的一侧, 让曲线两侧的面积形成大小对比, 可以更为突出画面的节奏韵律变化。

王勃方 摄
焦距 14mm，光圈 f/2.8，速度 30s，ISO100（多次曝光）

利用长时间曝光拍摄星空时，拍摄的方向要对准北方，星斗的转动弧线，就会以北斗星为圆心，
画出无数的同心圆来。这是一种特殊的"O"形构图，容易给人一种眩晕、错乱的感觉。

■ 5.11.5 "O"形构图

"O"形构图比较特殊一些，它通常以正圆的形式出现，而且也会配合使用方画幅的比例，从而与正方形的四角和四边形成完美的和谐。拍摄自然界中圆形的花朵，会用到这一构图。而在现今越来越受到关注的星空摄影中，利用长时间曝光和多次曝光合成的效果，使得"O"形构图又有了创新使用。

邢颖 摄
焦距 8mm，光圈 f/3.5，速度 1/80s，ISO200

利用鱼眼镜头拍摄人像，作者的想象力和魄力，令人叫绝。鱼眼镜头的效果，就是形成天然的"O"形，据说鱼儿观察到的世界就是这个样子的。"O"形构图，中心位置的景物非常重要。作者将人物安排在画面的中心，最大程度地避免了人物变形。

风光摄影，是每个摄影人钟爱的题材。而风光摄影的构图，更是异常丰富的。在此，我们只针对初级摄影爱好者，提供一些入门类的构图经验以供参考。

第6章

风光摄影构图实例

6.1 山岳摄影

　　山峦雄伟的主峰无疑非常醒目，让人很难不把焦点聚集在它身上。通常的构图方法是将它放置在画面的中心位置，作为重点体现。但山岳摄影构图的难点在于变化，除了常见的中心构图外，建议大家根据整座山脉或山系的变化，不妨尝试使用对角线法、三分法等，形成构图上的突破。

小述 摄
焦距 35mm，光圈 f/8，速度 1/50s，ISO100

作者在安排山脉，尤其是主峰的位置时，综合考虑到了山下河流的走向，将其放置在三分法相对的交叉点上，使得画面中有了两个重点的景物——一是主峰，二是弯曲的河流，内容更加丰富了。

章帅 摄
焦距 40mm，光圈 f/10，速度 1/125s，ISO100

王劲 摄
焦距 35mm，光圈 f/11，速度 1/200s，ISO200

在山脉摄影时，加入人造的建筑——如长城，视觉中心就转向了这些景物，因此在构图时就需要以它为主。根据城墙的走势，可以多使用"S"形构图，让画面多几分舒展和缓的感觉。

6.2 水景摄影

　　湖光山色、大海小溪，是拍摄水景的创作主题。所以拍摄水景构图时，多利用水平线构图方式，需要更多地注重水景与周边环境的结合。如拍摄水中倒影，表现出湖面的宁静时，可以选择临水的建筑或树木，利用水面的浮光掠影，形成小中见大的创意效果；也可以利用浪花拍岸，展现出湖泊摄影动的一面。拍摄河流、小溪时，还可以利用对角线或"S"形曲线的构图方式，表现河道水流的蜿蜒之美。

问号 摄
焦距 18mm，光圈 f/18，速度 2.5s，ISO100

拍摄山间小溪，最常用的构图方式有对角线、"S"形几种，这是根据溪水的自然流向决定的。而在背景和陪体的选择上最好简洁一些，暗的岩石和植被作为背景，可以突出明亮的溪水；而一两朵小花或漂叶，即可生动画面。

阿戈 摄
焦距 17mm，光圈 f/16，速度 1/20s，ISO50

拍摄海景时，构图方式无非是水平线式的，变化不多。而重点是要增加吸引观众的趣味点，作者利用一个奇异的贝壳，使得画面有了灵动的感觉。根据此经验，大家在拍摄海景时，可以多寻找一些诸如礁石、渔船、网箱、码头等景物，让海景照片鲜活起来。

老纳 摄
焦距 17mm，光圈 f/30，速度 1/6.3s，ISO100

大面积的湖水，配合远山，画面安静祥和。但仅仅如此，画面就过于太过平白无味。作者在画面一角增加几枝芦苇，打破了这种平淡，与水中山的倒影、云的倒影相映成趣，增添了几分生动的意境。

6.3 草原摄影

　　拍摄草原荒漠类的风景，构图中最大挑战就是避免画面平而单调。这类风景通常起伏变化不大，如果仅仅在与地面平齐的角度进行拍摄，地平线僵直地划分画面，会导致画面的割裂。因此，最好首先观察选择有山峦起伏的场景，突破平直的地平线；其次，一定要选择一处制高点采用俯拍的角度，这样才能展现出草原荒漠的纵深感；再结合其宽广的特点，这类题材的构图难题就会迎刃而解了。

问号 摄
焦距 60mm，光圈 f/5.6，
速度 1/640s，ISO100

草原摄影中，丘陵缓坡所呈现的起伏线条，也是摄影人关注的重点。但这些线条通常过于平缓，拍摄出来的照片不如现场感受的强烈。因此取景时可多考虑剪裁浓缩，将画面中最精彩的部分呈现。作者用心之处，在于在前面增加了闪亮的油菜花，利用水平线条衬托出草原的缓坡。

王勃方 摄
焦距 16mm，光圈 f/3.5，
速度 1/1250s，ISO1000

若想使得草原荒漠的作品更具有灵动性，还有些小的细节景物，需要关注，比如蜿蜒道路、河流、孤立的树木等，都是关键的点缀物，这些点和线形景物，对于平面的草原来说，会起到点睛的作用。

小述 摄
焦距 21mm，光圈 f/8，速度 1/500s，ISO100

荒漠摄影更是很难成功的题材，成熟的构图方式无
非是大漠驼铃、沙海孤旅或是土林等，都是利用增
加陪体来克服单调的画面。作者利用沙漠的雪后，
融雪的形状与天空上的缕缕白云相映，别有情调。

6.4 林木摄影

　　林木摄影的范围广泛，大至万顷林海，小至独树一帜，都可以纳入其中。因此技法也繁杂多样。总的规律是：在表现森林广袤，无边无际时，适用横幅取景，从制高点俯拍；而表现一树参天，挺拔苍翠时，宜用竖幅，从低处仰拍。而在构图时，一定要注意留白透气，多利用空地，道路，让画面有疏松之处，避免密不透风，过于压抑。

问号 摄

焦距 55mm，光圈 f/5.6，速度 1/100s，ISO400

密林之中，一条干净的小路给画面带来了疏松的感觉。给观众以步入其中，畅快呼吸滋润空气的舒心感受，使画面可观、可思，更可以享受。试想，拍摄一张原生态森林的真实景象，脚下灌木丛生，面前荆棘障眼，怎能有这样的惬意呢？

董帅 摄

焦距 135mm，光圈 f/5.6，速度 1/640s，ISO200

董帅 摄
焦距 17mm，光圈 f/8，速度 1/500s，ISO100

用极限的视角仰拍树林，会带来不同寻常
的画面效果——树木直窜云霄，气势压人。
如果寻找好地点和角度，可以利用放射线
式构图，更有视觉冲击力。同样需要注意
的是，画面的透气，最好能够望见蓝天，
或是有阳光发散着，进入画面，这样才能
避免作品压抑、阴暗。

问号 摄
焦距 27mm，光圈 f/3.5，速度 1/50s，ISO100

在拍摄独树时，还有使用平拍视角的方式。
而这类树木通常是枝丫繁戊，且造型完美，
枝干线条曲折遒劲。这类题材构图时，不
必将树木表现完整，只需将最精彩的部分
展现出来即可，构图造型可借鉴伞骨的造
型。

人像摄影构图与风光、动植物等题材的摄影构图，有着很大的区别，这是因为拍摄者和被摄人物之间可以进行直接的语言交流，并可以依据拍摄者的意思，调整被摄人物的姿态。因此在人像构图上，也就有着更广大的创意空间，同时也给拍摄者提出了更高的要求：头脑中有明确的创意，如拍摄的景别、表情姿态、光影和环境效果等，并依此给被拍摄人物以明确的信息提示。在此，给大家详细介绍一下人像摄影构图的重要设计思路。

第7章

敬翰 摄　模特：晏晏
焦距 35mm，光圈 f/1.6，速度 1/1600s，ISO100

人像摄影构图实例

7.1 取景景别

　　人像的取景景别，是指拍摄人物的取景比例范围，是拍摄整体人物，还是只拍摄头部。不同的景别，可以表现出人物不同的身体特征，因此要根据创意需要，和被摄人物的突出特点来决定景别。

■ 7.1.1 头肩肖像

　　头肩肖像的取景景别，是拍摄人物胸部以上，包括头部。其表现重点在于人物的表情神态，尤其是人物的双眼，是不是能够传递出她内心的感情，或是具有摄人魂魄的力量。

老纳 摄
焦距 70mm，光圈 f/13，速度 1/125s，ISO100

人物完全侧身，而头部转过来，让面部线条轮廓和肩膀线条发生关联，则更多体现出性感特征。

Gyeonlee 摄

焦距 50mm，光圈 f/2，速度 1/1250s，ISO100

头肩肖像的人物造型，最为经典的是人物斜侧身，而面部转向镜头方向，眼睛望向镜头，画面人物可以和观众形成交流。当然眼睛也可以稍望向上方，带有活泼向上的感受；而稍向下看，则是沉思的安静状态。

■ 7.1.2 半身像

　　半身像的景别，是从人物的腰部起始向上，包括人物头部在内的上半身。这样的景别，增加了人物的手和胳臂的动作配合，因此人物的姿态重要性增加了，需要适当加以控制。但半身像中，人物的脸部的表情神态还是表现的重点，还应当是关注的重点。

问号 摄
焦距 28mm，光圈 f/1.8，速度 1/50s，ISO2500

　　这幅作品中，人物的手轻捋腮边的头发，让面部和手产生联系，形态更加自然。拍摄时，提示人物，做用手理头发、脱腮的动作，既可以活跃画面，也可以让人物肢体放松。

Gyeonlee 摄

焦距 50mm，光圈 f/2，速度 1/1250s，ISO100

半身像中，人物的手臂运动幅度加大，则会加强画面的运动感觉，人物的动态效果更佳。作者格外注意了臂膀不要遮挡住人物头面部，以免影响效果。

■ 7.1.3 全身像

全身像，顾名思义是包括人物的全部身体，但在实际拍摄中，包括人物膝部以上的取景景别，也属于人像摄影的全身像的范围。全身像的表现重点，转移到了人物的全身姿态，在拍摄中，要格外关注人物所体现的身姿和身体线条的体现。

问号 摄

焦距 50mm，光圈 f/2，速度 1/125s，ISO1000

全身像中，处理好人物腿部的姿态，非常重要。直直的岔开柱立，效果不佳。作者让人物两腿交叉，并做自然弯曲，曲线的造型美观大方。

Gyeonlee 摄

焦距 50mm，光圈 f/2，速度 1/640s，ISO100

坐姿的全身像中，整体身姿的把握，同样要摆出 "S" 形曲线的造型为美。头颈部的弯曲，腰臀部的弯曲以及膝关节的弯曲，让人物身体舒展优美。

■ 7.1.4 人像特写

　　人像特写，是一种特殊的人像取景景别，它的取景范围是只关注人物的某个局部，常见的特写是脸部的大特写，人物的眼神格外突出。还有的人像特写，会关注到人物身体的其他部位，比如手、肩部，甚至是胸部或腰部的身体曲线。人像特写是更艺术化的创作方法，往往具有抽象或意象表现。

邢颖 摄
焦距 50mm，光圈 f/11，速度 1/125s，ISO100

作者关注到人物身体轮廓线的优美造型，大胆地截取了身体的局部，利用光影的明暗变化，以高调效果表达出纯洁的感受。沿此方向继续探索，还会有更为抽象美的作品出现。

Gyeonlee 摄

焦距 50mm，光圈 f/4，速度 1/320s，ISO800

面部的特写，在画面表象呈现上表现为人物特征和柔美线条，而画面意境更深在于人物的精神状态，人物眼神迷离，仿佛进入沉思状态，给观众带来恬静安详的感受。

7.2 取景方向

人像摄影的取景方向，实际上是人物的站姿方向，即人物面对镜头，还是侧对或背对镜头，这是需要摄影师指导人物转动身体来调整的。但当人物站定方向后，摄影师还需要小范围地移动调整取景角度，以取得最佳的人物体态。

■ 7.2.1 正面像

正面像是最常采用的人像取景方向，但同时也是较难把控的取景方向。如果只是简单地以人物身体和面部都是正面的取景方向拍摄，则画面很容易呆板，人物表情也不会很自然。拍摄正面像时，较好的方式是，让人物的脸部和身体有一定的旋转角度，比如头部是正面对镜头，身体则稍稍旋转过来，侧身面对镜头，这样小小的调整，就使画面美观了很多。

邢颖 摄
焦距 40mm，光圈 f/11，速度 1/125s，ISO100

这是一幅充满感情色彩和灵动感觉的亲子摄影作品。尽管母亲是以正面像的形式出现，但整体姿势却似乎正要迈步向前，而此时听到孩子召唤，她自然侧头。正面像要自然放松，不妨和人物相互交流，设定一个小的情景来表现。

Gyeonlee 摄
焦距 50mm，光圈 f/4，速度 1/400s，ISO400

■ 7.2.2 侧身像

　　侧身像实际上是人像摄影中最佳的取景方向，侧面的身体，不但可以展示人物身体的曲线，同时还可以避免正面的尴尬状态，尤其是为没有表演经验的朋友拍摄时，最好以这样的摆姿令其表现出放松的姿态。侧身的姿态幅度可大可小，这取决与人物双脚的站立位置，通常可以让她双脚脚心连线与取景轴线重合，而后让其自然转动身体，侧身姿态自然协调。

鱼子 摄
焦距 50mm，光圈 f/1.4，速度 1/160s，ISO100

　　侧身像的拍摄中，要尤其注意背部线条的调整，提醒人物要挺胸翘臀，这样才最为优美。为防止弓背拢肩，不妨让人物仰头，上半身尽量后仰，身体曲线就自然展现出来了。

Gyeonlee 摄

焦距 50mm，光圈 f/2，速度 1/2000s，ISO200

老纳 摄
焦距 50mm，光圈 f/1.8，速度 1/125s，ISO800

■ 7.2.3 背影

　　背影是不常用的一种取景角度，源于这是一种不常用的观察人物的角度。但在拍摄女性人像时，还有时会被采用，用来表现女性背部柔美的线条，并隐含女性羞涩的感情色彩。拍摄背影时，最好不要拍摄正后背，侧身的后背线条是最美的。

花想 摄　模特：莲安
焦距 50mm，光圈 f/2.8，速度 1/800s，ISO200

敬翰 摄　模特：晏晏
焦距 35mm，光圈 f/2.8，速度 1/250s，ISO100

背部线条的展示，其实在人像摄影中是最有
韵味的，作品含而不露，遐想无穷。拍摄时
除了多关注肩部、腰部的曲线线条，还可以
留意肩胛和脊柱的骨感体现，不失为一种人
体之美。

7.3 拍摄角度

人像的拍摄角度，在构图取景时相当关键，这会直接影响到人物形象的呈现效果——人物身材比例和面部五官是否变形。这在经典审美观上，有着重要意义。需要大家仔细领会，正确运用。

■ 7.3.1 平拍人像

平拍角度，是指以日常平视人物的角度，来进行拍摄，以这样的角度拍摄，可以真实再现人物的身体和脸部外貌特征，没有任何变形。而且平拍视角，可以带来一种心理平等的视觉感受。至于采用什么样的拍摄高度来进行平拍，需要根据人物的站、坐、躺的高度来决定；同时头肩像、半身像、全身像的不同取景景别，拍摄高度也略有不同。

Gyeonlee 摄
焦距 50mm，光圈 f/2.8，速度 1/160s，ISO800

Gyeonlee 摄

焦距 50mm，光圈 f/2，速度 1/400s，ISO200

平拍人物的全身像，取景的高度最好与人物的胸部平齐，即取景框中心点对准人物胸部，这样拍摄出来的作品没有变形的。要注意的是，设定的自动对焦点一定要在人物的脸部上，不要利用中心对焦点对准胸部对焦了。

敬翰 摄　模特：邢静
焦距 135mm，光圈 f/2.2，速度 1/2500s，ISO100

当人物在跪、坐等低姿态时，拍摄者也一定要随之降低拍摄高度，才能够保持平拍角度。这也就是我们经常看到，摄影师为什么会采用哈腰、半蹲，甚至是匍匐等拍摄姿势。为把作品拍摄的完美，摄影师是无暇关注自身形象的。

敬翰 摄　模特：李悦
焦距 50mm，光圈 f/1.6，速度 1/60s，ISO800

Gyeonlee 摄

焦距 50mm，光圈 f/2，速度 1/400s，ISO400

拍摄人物侧躺、侧靠，脸部倾向一侧时，
平拍高度就需要和人物脸部保持等高了。
这样，无论是人物眼睛望向镜头，还是其
他方向，都在一种真实自然状态下，观众
与作品人物交流沟通顺畅。

■ 7.3.2 俯拍人像

俯拍人像，是一种特殊的拍摄角度，是利用高于人物高度的视角进行拍摄。在专业摄影当中，俯拍常使用从高处垂直向下拍摄，而人物是躺在地面之上。这样极限的角度，不但可以让人物摆出特殊的造型，还可以利用地面上鲜花、黄叶等作为出奇的背景，带来丰富的视觉感受。

花想 摄　模特：云生
焦距35mm，光圈 f/1.4，速度 1/400s，ISO100

极限的俯拍作品，人物仿佛是被贴在地面上，作品的立体感丧失，完全依赖于画面的形式感来表现。相信作者在拍这张作品时，摆布人物造型和服饰、头发的时间精力，远高于调整相机的拍摄过程。

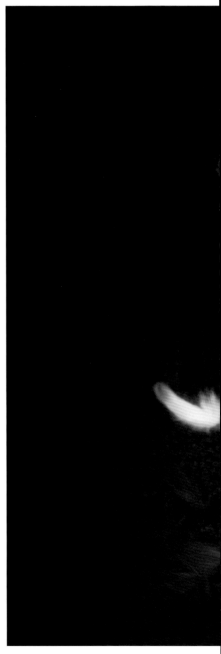

花想 摄　模特：小汐
焦距 35mm，光圈 f/2，速度 1/2000s，ISO100

Gyeonlee 摄

焦距 50mm，光圈 f/2，速度 1/500s，ISO100

观众观看俯拍人像作品时，会有一种居高临下的视觉心理感受；而作品中的人物眼神也是仰望，似乎有渴求的感受。感情交流中，存在一定的距离感。

当下流行使用俯拍角度进行自拍，形成"锥子脸"效果。它利用了广角镜头俯拍造成的变形，夸大眼睛，缩小下巴。对于专业摄影师来说，这种角度是慎重选取的，这类变形使人物失真，也不自然，最为致命的是人物的额头被夸张的更大，美感消失。

流行，要经过时间的考验。

吕小川 摄

焦距 35mm，光圈 f/2，速度 1/400s，ISO400

同样采用俯拍头像的视角，作者格外注意利用头发遮住额头，避免了变形。再加上轻柔的虚化，这样的作品比起千篇一律的流行风格，具有更长久的生命力。

7.3.3 仰拍人像

仰拍的视角，在人像摄影中，尤其是拍摄人物的全身像时，还是非常常见的，它是以略低于平视的高度进行拍摄。仰拍的视角同样会带来一定的变形，但这样的变形会让人物的身体比例更有美感——人物腿部的长度稍有夸张，整体身材高度也被拉长，而头部比例减小，增加了头身比例，使人物更显挺拔秀丽。

老纳 摄
焦距 50mm，光圈 f/1.8，速度 1/640s，ISO100

采用一定的仰拍视角时，需要适当地控制仰拍角度。从与人物大腿等高的高度，稍稍仰起镜头，保证人物头部的完整性，这样的仰拍角度最为恰当，既适当地增加人物高度，又保证形象不会失真。

敬翰 摄　模特：小点
焦距 35mm，光圈 f/1.8，速度 1/1600s，ISO100

老纳 摄

焦距 17mm，光圈 f/4，速度 1/1250s，ISO100

这是当人物处于躺姿时的仰拍视角，即从人物脚的方向，向头部拍摄。这样的拍摄角度往往会很大，造成的变形也相对明显。从作品中可以看到脚、腿部比例夸张，而头部比例缩小了，视觉冲击力极大。注意模特的脚部绷直状态，避免了脚心面向镜头，夸张脚趾的缺陷。

在旅行拍摄当中，涉及的拍摄题材多种多样，我们从中选取一些最为典型的题材，将构图的基本技法和思路介绍给大家，以供参考。

第**8**章

旅行纪实摄影构图实例

8.1　城市全景

　　城市全景的拍摄，要求的视野比较开阔，构图取景时，建议选择制高点，以全景取景方式俯拍。由于城市全景景物繁多，如林立的大厦、湖泊绿地等，而其中联系这些点状或块状景物的，则是道路、桥梁和河流等，因此这些线状景物，是构图时的关键，采用对角线、"S"形曲线或放射线构图，都会使城市全景的作品的纵横规划体现出来，形成画面的韵律节奏。总体来说，城市风光有别于自然风光的地方就在于其人工规划之美，而对于每一座城市的拍摄，又要突出它的独特特征。

问号 摄
焦距 35mm，光圈 f/22，速度 1/40s，ISO200

这种构图方法，在中国传统绘画中称之为"一河两岸"式，即通过中间的河道，区别出近景与远景，增加了画面的纵深感。作者还利用这种构图方式，表达出来城市变迁的对比——老城区的红砖小楼建筑，与当代灰色高楼大厦间的冲突。

王勃方 摄
焦距 16mm，光圈 f/8，速度 30s，ISO100

城市中纵横交错的街道，尤其是结构复杂的立交桥，在拍摄城市全景时，是重要的构图元素——线条。利用线条，可以将城市的不同功能区划分出来，让无序的独栋建筑间，形成有机的联系。而在观赏作品时，观众的目光还可以按照它的引导，分散到画面的各个角落。

王勃方 摄
焦距 16mm，光圈 f/4，速度 4s，ISO100

王勃方 摄
焦距 16mm，光圈 f/8，速度 1/2s，ISO400

8.2 街头即景

　　在古城或小镇旅行，一些看似平常的日常生活小景，其实是最能体现当地民风民俗特点的场面。在外出摄影采风过程中，随时随地从细微之处观察了解当地的生活习俗，并随手把它拍摄和表现出来，会使摄影采风之旅丰富异常。这种抓拍式的构图，可以稍微随意一些，不必太追求横平竖直，以及中心构图；尽量多利用对角线、三分法的方式，让画面看起来更为随性，体现出活泼的感觉。

高帅 摄
焦距 30mm，光圈 f/2，速度 1/200s，ISO100

高帅 摄
焦 距 35mm， 光 圈 f/11， 速 度 1/200s，ISO100

抓拍街头的环境人像，多采用三分法式构图，即人物在一侧，景物在另一侧。拍摄这类纪实性作品，多采用广角镜头抵近拍摄的方法，这样才能让人物和景物都有足够的空间位置，并均清晰呈现。这种拍摄方法，要求拍摄者有一定的心理素质，即使被人物拒绝，也最好报以微笑。

高帅 摄
焦距 18mm，光圈 f/13，速度 1/100s，ISO100

小述 摄
焦距 21mm，光圈 f/3.5，速度 1/250s，ISO100

拍摄当地街头的一些特色景物，为了方便观众理解，最好能够加入一些陪衬的人或物，让观众从画面当中就能够读懂这些东西是做什么用的，怎么用。利用广角镜头，从斜侧方向靠近拍摄，可以在画面一侧详细交代景物的细节特征，而另一侧是说明性的补充。

　　游走在繁华都市的街头，纪实抓拍的景象，会带有拍摄者强烈的主观印象——作者的心境会影响到其取景构图，因此在熟悉的城市街头拍摄，构图可以更为大胆一些，多采用框架式构图法，甚至是利用开放式的构图方式，可以突破作品的平庸感，将熟悉的景物以不同的表达方式体现出来。

鱼子 摄
焦距 23mm，光圈 f/5.6，速度 1/125s，ISO400

鱼子 摄
焦距 45mm，光圈 f/2.8，速度 1/30s，ISO6400

多利用光影效果，是这类个性化纪实作品的重要表现手法。日落低角度的暖色光线，强烈的明暗对比，虚实相间的人物，以及画面人物主观视界的展现，使得观众与作者一起，进行了一次影像游走。

鱼子 摄
焦距 34mm，光圈 f/5.6，速度 1/4s，ISO640

8.3 道路桥梁

    道路桥梁的建筑构造的结构、线条等,非常入画。无论从近或远、高或低去观察拍摄,都有不同的展现形式。建议先从拍摄地点的选择入手,分别取其远景、中景,而后关注近景局部和内部结构的表现,拍摄中,多注重其斜线构造,突出现代桥梁建筑的力量感。

陈杰 摄
焦距180mm,光圈f/8,速度1/1000s,ISO125

拍摄桥梁,远景画面的取景,一定要保证其主体结构的完整,尤其是它最引人注意的部分。跨越大江的高速公路桥,这几根缆索柱梁,像是挺立的卫兵,手挽手,承担其支撑的作用。

陈杰 摄
焦距 105mm，光圈 f/5，速度 2s，ISO100

拍摄桥梁中景，是最体现拍摄者构图创意的题材。作者利用大桥的灯火效果，虽然看不见主体结构，却可以感受到它的延伸方向和结构，画面的想象空间很大。

高杰 摄
焦距 24mm，光圈 f/13，速度 1/40s，ISO100

在这幅作品中，作者从桥梁的下方，以对角线的构图方法，直接展示了桥梁的结构特征和表面材质，画面说明力极强。

问号 摄

焦距 18mm，光圈 f/8，速度 1/125s，ISO100

拍摄桥梁的结构特写，必须要深入其钢混结构其中，仔细观察重要的梁柱、缆索的走势，才能拍摄出出色的作品来。但真正要想把这类题材拍摄完美，还是需要有一定的建筑、桥梁专业知识，这样拍摄出来的照片不仅美观，而且还有讲究的门道。

8.4 地标景物

　　现代化的大都市，都有着自己独特的、著称于世的建筑。通常都是摩天大厦，同时还有造型独特的展览馆、音乐厅、体育馆等。这些现代建筑相比传统建筑，其外观更为夸张，注重变化，因此拍摄时可以更为大胆，构图时不但可以利用中心构图法，还可以多运用不对称的三分法、对角线等构图方式，强调出它的新、奇、异特征。同时，对于一些广为人知的地标，还可以别出心裁的构图手法进行表现，力争出新。

高帅 摄

焦距 16mm，光圈 f/13，速度 2s，ISO200

作者利用了巧妙的方法，从一个不被人关注的角度，趣味地表现了地标摩天轮——利用旋转木马作为前景，长时间的曝光令其虚无梦幻，联系到远处黑暗中的摩天轮，两者都给城市和人们带来了儿童般的快乐。

高帅 摄

焦距 28mm，光圈 f/3.5，速度 1/125s，ISO100

单纯表现建筑，可以用最为有力量的饱满构图方式。让其充满画面，舍我其谁的气势，突出现代建筑的大胆和无所顾忌。

问号 摄
焦距 35mm，光圈 f/10，速度 1/250s，ISO100

问号 摄

焦距 27mm，光圈 f/8，速度 1/200s，ISO100

对于一些大家司空见惯的地标建筑，除了运用常规角度拍摄之外，不妨多采用些特殊的
构图方法。作者使用斜框架的方式，将东方明珠塔放置在一个平行四边形的空间当中，
视角新颖独特。把地标建筑，作为拍摄练习的主体，会积累下很多经验，对于将来拍摄
其它建筑，绝对是有益的。

8.5 园林景观

在拍摄园林构图时，要以突出园林特色为基准。东西方园林的设计和建造不同，西方园林多讲求外露，表现为平坦开阔，有规律，因此构图时可以多利用对称的方式；而东方园林讲究内隐，表现为一步一景，变化万千，构图时更要多琢磨，注意景物层次安排，尤其是前景对于主体建筑的衬托，造成身临其境，人在画中游的感受。

高杰 摄
焦距 26mm，光圈 f/6.3，速度 1/20s，ISO100

在拍摄园林的精致小巧的景观时，最好多利用添加前景的方式，增加画面的纵深感，并使其充满灵性。作者在画面一角添加枯黄的枝叶，让楼台水树，与花草树木融合，体现了中国人宜居山水的理想。

高帅 摄
焦距 16mm，光圈 f/8，速度 1/4s，ISO100（HDR）

皇家园林，讲究的是恢弘大气。湖水象征大海，堆土形成山岳，飞檐楼阁，如天上宫阙，一派天地在我心的气势，在作品中油然而生。充分了解了这些建筑哲学，拍摄时自然也会在作品中将其流露出来。

小桥流水人家，古树掩映楼台。南北方的建筑，也体现着不同地域、不同自然环境下园林建筑的区别。作者利用一棵大树作为前景，其曲折的粗壮线条下，蜿蜒小路，曲折流水，都将观众视线引向了水边的亭台。可以想见此处可是诗人沐春风、吟诗话的理想场所。

问号 摄
焦距 12mm，光圈 f/10，速度 1/80s，ISO100

8.6　建筑内景

　　建筑内景的构图拍摄，是一项专门的学问，由专门的建筑设计师与摄影师合作完成。对于普通摄影人来说，可以大致了解一些基本方法：对于传统辉煌的建筑，如教堂、宫殿，构图时可以多使用中心对称的构图方法，表现其空间的宏大以及装饰物的精美；对于现代商居的建筑，拍摄其内部，最好从房间一角，以侧面的方式进行构图，这样可以扩大建筑内部的空间感。建筑摄影当中，需要格外注意的是保证竖直方向，尽量避免建筑有倾倒的感觉。

陈杰 摄
焦距 12mm，光圈 f/4，速度 1/40s，ISO400

为了将有限空间的规模最大化，无疑从最长线视角拍摄最佳。作者从二层向一层俯拍，从房间对角线方向拍摄，都是将空间最大化的手段。

陈杰 摄
焦距 12mm，光圈 f/4，速度 1/60s，ISO400

王勃方 摄
焦距 16mm，光圈 f/2.8，速度 1/30s，ISO400

王勃方 摄
焦距 28mm，光圈 f/2.8，速度 1/200s，ISO1600

宫殿内景，通常足够宽阔深远，无需非要寻找特殊位置。但在构图时，一定要突出建筑中最重点的特色景物。如这两幅作品中，作者以天顶的华灯为重点，展示出该建筑最大的特点。相信大家一定印象深刻。

8.7 古镇乡村

　　乡村古镇，是常见的旅行目的地。拍摄这类题材时，构图的难点在于留白与透气。通常这些地方建筑拥挤，街道狭窄，如果在街道其中拍摄，作品中难免会有拥仄、透不过气来的感觉。解决办法，一是脱身其外，在稍远处以及较高的地方拍摄，这样自然天高地远开阔了；二是还可以通过水面来为画面留白，使得画面有张有弛，松紧适度。

问号 摄
焦距 24mm， 光 圈 f/8， 速 度 1/125s，ISO100

江南古镇最大的特色，在于它的生活情调。作者选择在这片开阔的水面拍摄，把水乡表现得舒适惬意。而这一叶横舟，既是这里人们生活中的重要交通工具，也是当地人优哉游哉的性情表现。

高帅 摄
焦距 64mm，光圈 f/8，速度 1/80s，ISO200

国外的古堡，我们很少能亲临，而作者的照片一下令我们领略了其全貌。初秋满山多彩的树林中，半山的古堡巍峨雄伟，沿山而下，有别墅，有小楼，河岸边还有码头，商旅来往。全景式的作品，信息含量很大，是观众乐于欣赏的。

陈杰 摄
焦距 70mm，光圈 f/8，速度 1/800s，ISO100

用光篇

262

285

270

289

292

302

陈杰 摄
焦距 26mm，光圈 f/5.6，速度 1/8000s，ISO200

擅长利用光线，可以增强影像的表现力，在某种意义上，光线堪称照片的灵魂。我们在拍摄时，首先要认识光线，了解光线。这不仅需要观察光影变化，还需要更多的思考：场景处于何种光线照射下，光线的方向与来源，光的强度与均匀性。只有善于利用光线，才能令我们的摄影作品，具有迷人的表现力。

第9章

摄影（Photography）一词源自希腊语，其意为"光线"，可谓一下就道出了摄影创作的本质了。照相机是靠捕捉光线来形成影像，摄影创作是依靠光线来对景物进行描写，即所谓的光影作画。所以说，创作中所涉及的形象、色彩、影调、质感……所有这一切都要通过光线才能表现出来。

摄影用光

9.1 光的性质

从总体上来区分摄影用光，可以把它分为自然光和人造光。这两类光线的在其自身性质、艺术表现力和创作运用中，有很大的区别。因此在用光时，需要区别对待，逐一掌握。

9.1.1 自然光

自然光是摄影创作中最重要、最常用的光线，它来自自然中最主要的光源——太阳。太阳发出的光线是最强烈、最丰厚的，而且随着季节、天气和环境的不同，它的色彩、光影变化也会不同。比如，在日出、日落时，阳光会与中午光照有不同的色彩表现；而多云或阴天的情况下，太阳的光线会被云层散射，光影效果又会发生变化。

王勃方 摄
焦距 50mm，光圈 f/8，速度 1/640s，ISO800

不仅太阳的光线随时间、季节和天气情况不同而变化，阳光还会被其所照射的景物反射、折射，形成其他的自然光源。比如晴朗的天气下，蓝色的天空由于散射、折射了太阳的光线，而具有了色彩和发光的特征，会给地面上的景物，尤其是阴影提供照明；而岩壁、水面等还会反射太阳的光线，形成环境光源。因此，我们利用自然光来进行创作时，需要拓展思路，不仅观察太阳光，还要综合考虑环境光线，这样，我们的作品才能体现出摄影独特的韵味来。

问号 摄

焦距 300mm，光圈 f/5.6，速度 1/200s，ISO640

自然光的变化是最为奇妙的，尤其是在日出、日落时分。作品中，云层、山脉被低色温的阳光染上了不同的粉红和金红，优雅而动人心魄。

■ 9.1.2 人造光

在影室（暗室）中拍摄，则完全依靠人造光源进行创作——使用影室灯。影室灯主要分为闪光光源和连续光源，但无论是哪种光源，它们与自然光的最大区别就在于，所发射出来的光线的强度要远低于太阳光，而且它的色温值是固定不变的。在影室中使用人造光拍摄，好处是我们可以根据自己的需要安排光源的位置，并适当控制其亮度，色彩还原也准确；而布光时，既可以模拟自然光照效果，安排主光、辅光和背景光等，也可以完全按照自己的创作想法，创意地布光，形成出奇的光影效果来。

高帅 摄
焦距 50mm，光圈 f/2.8，速度 1/125s，ISO500

在室内拍摄时，可以多利用闪光灯进行补光。补光时，要注意闪光灯与室内灯光的不同色温效果。另外，室内补光时，可以多利用房顶和墙壁的反光效果，进行跳闪补光。

邢颖 摄
焦距 50mm，光圈 f/11，速度 1/125s，ISO100

使用单灯拍摄，是影室摄影中较难掌握的技
巧。不但要控制灯光的照射角度和照射范围，
还需要利用灯罩、灯箱等，控制光线的软硬。
必要时，在灯光的另一侧还要有反光板进行
补光。作者使用水平的单向光，很好地展现
出光影明暗在人体上的变化，布光看似简单，
其艺术效果却极佳。

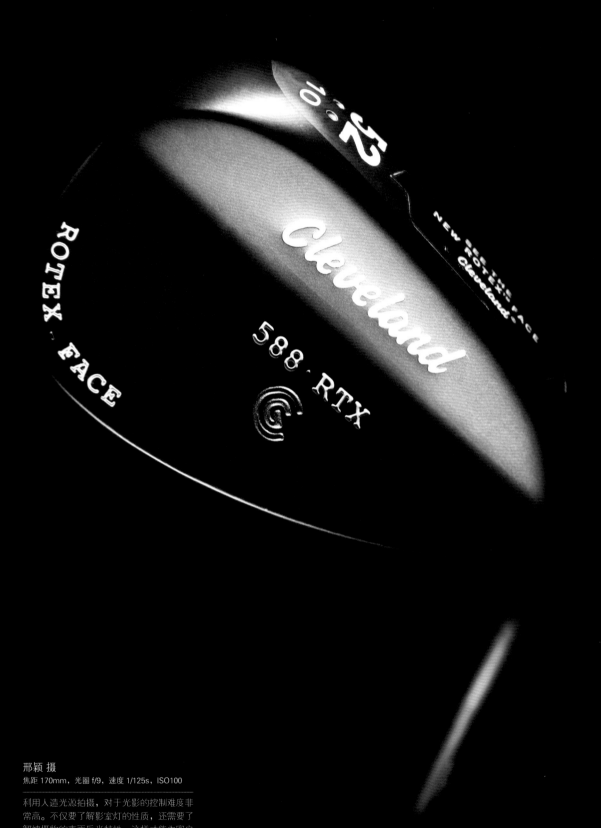

邢颖 摄

焦距 170mm，光圈 f/9，速度 1/125s，ISO100

利用人造光源拍摄，对于光影的控制难度非
常高。不仅要了解影室灯的性质，还需要了
解被摄物的表面反光特性，这样才能为客户
拍摄出满意的作品来。请大家尤为关注杆头
下方那一缕精彩的边缘光，相信在那里作者
下的工夫最大。

9.2 光照强度——强光、柔光与弱光

　　光线的强度即照度，是光线明亮而刺眼，还是朦胧柔和。不同的光照强度，产生的最大影响是作品的明暗反差和光影对比。了解了光的强度，就可以根据不同的拍摄题材和效果进行相应的曝光控制。

王勍 摄
焦距 70mm，光圈 f/8，速度 1/100s，ISO100

作者创意地利用强光和水面的反光，在中午时分拍摄了一幅剪影式的作品，别有一番趣味。

■ 9.2.1 强光

　　强光，我们可以把它理解为点光源发出的直射光，最典型的就是晴朗天气时没有遮挡的直射阳光。它强而直接地照射到景物上，形成明确的景物迎光面，和强烈的阴影。强光可以清晰地刻画物体的轮廓，可以增加拍摄景物的明暗对比，增加立体感；但过强的光线，会造成反差巨大，照片暗部的层次丢失。

艺术表现力

色彩表现	鲜明
光影效果	强
明暗对比	强
立体感	强
适用题材	自然风光、城市建筑

测光与曝光控制

测光模式	评价测光
曝光补偿	-0.5EV（保证高光层次不过曝）
拍摄难度	中等

高杰 摄
焦距 24mm，光圈 f/2.8，速度 1/1000s，ISO100

王勃方 摄
焦距 70mm，光圈 f/8，速度 1/640s，ISO800

多云天气下，非常适合拍摄甜美的风景照。此时景物阴影淡而不显眼，整体画面反差适中。
暗部远山和浓密森林，也有细节层次表现，高亮部的白云也有丰富的肌理。

■ 9.2.2 柔光

柔光通常是由巨大的面光源发射出来的散射光，比如在多云或半阴天时，阳光受到云层的漫射作用，而产生的光照效果。
柔光照射下，景物所产生的阴影很淡，甚至不会形成阴影，因此作品中明暗对比与反差就很弱，有利于表现景物表面细致的质感，
展现丰富的灰阶影调层次。我们在影室拍摄时，经常在影室灯前加装的柔光箱目的，也是模拟这种散射的柔光效果，通常是用于
拍摄女性人像或静物小品。

艺术表现力

色彩表现	淡雅
光影效果	弱
明暗对比	弱
立体感	中等
适用题材	人像、小品和创意风光

测光与曝光控制

测光模式	评价测光
曝光补偿	+0.5EV（增加暗部细节）
拍摄难度	易

花想 摄　模特：云生
焦距 35mm，光圈 f/1.4，速度 1/250s，ISO100

柔光对于女性人像摄影来说，是最佳选择。从服装的褶皱纹理，到人物肌肤的细腻表现，再到丝丝乌黑的头发，都可以明确地展现出来。而在强光下，这些细节都很难柔顺地表现出来。

Gyeonlee 摄
焦距 50mm，光圈 f/2，速度 1/3200s，ISO200

■ 9.2.3 弱光

　　弱光是专指包括月夜、星空、烟火和夜晚街灯、车站、码头以及阴暗的窑洞、老屋、教堂古堡内部等，其拍摄环境是一种暗环境。弱光摄影的效果，根据不同的光源特点，效果也不一样，拍摄手法也各不相同，需根据创意效果，逐一突破掌握。在进行弱光摄影时，会用到一些特殊的、高级的相机功能和技法：长时间曝光，超高感光度 ISO，闪光灯，多次曝光以及中途变焦等。

王勃方 摄
焦距 14mm，光圈 f/2.8，速度 30s，ISO2500

艺术表现力

色彩表现	淡雅
光影效果	强
明暗对比	强
立体感	中等
适用题材	创意风光，城市

测光与曝光控制

测光模式	手动曝光为主
曝光补偿	—
拍摄难度	难

问号 摄（多张合成）
焦距 70mm，光圈 f/8，速度 1/100s，ISO100

星空摄影是弱光摄影的极限题材，它会将人眼无法观察到的极其暗景都表现出来，超乎我们的视力范围以及想象空间。本书有专门的章节介绍拍摄方法。

老纳 摄
焦距 200mm，光圈 f/4，速度 1/160s，ISO2500

街道夜景拍摄中，利用的街灯也属于弱光。尽管我们觉得灯火辉煌，而对于白天的光线来说相差了很多。街道夜景的弱光拍摄中，最好是利用数码单反的高感光度来应对，通常 ISO 1600 ～ ISO 3200 就足够手持拍摄了，它可以保证现场光效果。而要是闪光灯补光会复杂而难度高了很多。

高杰 摄
焦距 24mm，光圈 f/2.8，速度 1/10s，ISO160

9.3 光照方向——顺光、逆光与侧光

根据光源、拍摄主体和相机（拍摄者）的水平位置关系，可以将摄影用光分为顺光、逆光、侧光三种基本类型。不同光照方向，对摄影作品中的光影和明暗影响很大，而相对应的拍摄难易程度也不同。

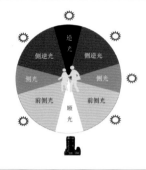

■ 9.3.1 顺光拍摄

顺光是指太阳在拍摄者的身后，而拍摄主体在拍摄者的前面。顺光拍摄是最常规的用光手段，景物受光均匀充分。使用顺光拍摄的照片清晰明确，成功率很高。普通的摄影人都可以轻易掌握，拍摄难度不大；但顺光的艺术表现力会弱一些，即摄影家常称的"用光平"。

王勃方 摄
焦距124mm，光圈f/8，速度1/1000s，ISO800

顺光拍摄，在建筑摄影当中很常用，它可以刻画出建筑的重要细节，如材质、结构等。上午九、十点钟的光线照射角度在45°左右，并且光线的色温也合适，可以正确地反应出建筑的色彩。

董帅 摄

焦距 18mm，光圈 f/9，速度 1/160s，ISO100

艺术表现力

色彩表现	鲜艳
光影效果	弱
明暗对比	弱
立体感	弱

测光与曝光控制

测光模式	评价测光
曝光补偿	±0
拍摄难度	易

顺光拍摄风景最大的弱点，就是景物的影子在其身后，在照片中表现不出来，因此风景很容易平面化。作者在拍摄时，利用了画面之外景物的阴影，令作品有明暗的变化，也不失为一个好的办法。

■ 9.3.2 逆光拍摄

逆光指光线从景物背后照射过来，而相机正对着光源和拍摄景物的用光方式。逆光是摄影中最难掌握的，因为不但拍摄主体的正面会处于阴影黑暗当中，而且阳光还会射入镜头，导致相机的测光和自动曝光产生失误。虽然逆光的拍摄难度是最高的，但它的艺术表现力却是最高的，光影控制得当的逆光摄影作品，通常都会给我们留下深刻的印象。

艺术表现力

色彩表现	中等
光影效果	强
明暗对比	强
立体感	中等

测光与曝光控制

测光模式	评价测光
曝光补偿	+1～ +2EV（主体正常亮度）
	-1～ -2EV（剪影效果）
拍摄难度	难

Gyeonlee 摄
焦距 50mm，光圈 f/2，速度 1/50s，ISO800

逆光人像特写的拍摄，也是属于效果极佳，而掌握起来并不十分困难的用光方法。让人物背对太阳，拍摄其正脸，即是逆光的角度。拍摄时根据阳光的强烈程度，适当增加 1~2级的曝光量，作品自然成功。像本作品中的光线亮度，只要增加 1 级曝光量即可。

陈杰 摄
焦距 17mm，光圈 f/8，速度 1/320s，ISO200

人物剪影的拍摄，其实也是逆光人像的一种表现手段。同样的用光方式，只要采用减少曝光量的方法，就可以得到人物剪影效果。

陈杰 摄
焦距 80mm，光圈 f/8，速度 1/200s，ISO100

逆光拍摄此幅风景，绝对是个不小的挑战。阳光穿透云层射下来，在经过含有雨雾或灰尘的空气时，就会显现出四射的光幕。这只有在逆光情况下才会产生。光幕的现象不常见，而且也不容易拍摄，它只有在暗背景的映衬下，才会明显。

陈杰 摄
焦距 120mm，光圈 f/4，速度 1/640s，ISO100

逆光拍摄花卉小品，绝对是个好的创意。掌
握起来简单，而且作品冲击力极强。用光时，
只要从逆光的角度去观察花卉，而取景拍摄
时，重点是为它寻找到一片暗黑的背景，曝
光控制上减少曝光量，这样就可以得到逆光
花卉的作品了。

■ 9.3.3 侧光拍摄

侧光是光源拍摄主体和相机形成一定角度的用光方式。如光位图所示，侧光的光位分类比较复杂，有前侧光、（正）侧光和侧逆光之分。其中前侧光和侧光拍摄实际中运用最多，它们可以让拍摄主体表面形成光影明暗的变化，增加画面的立体感。侧光看似复杂，其实拍摄难度并不太高，因此强烈建议大家多加运用。

花想 摄
焦距 35mm，光圈 f/1.6，
速度 1/6400s，ISO100

多数情况下，我们拍摄人像，采用的用光方式都是侧光。仔细观察人物的头部，可以看到人脸正面位于亮光区域，而头部耳侧一面是处于阴影区，而这两个区域间有明显的明暗分界线，正是这样的明暗对比，突出了人物的立体感。

邢颖 摄
焦距 70mm，光圈 f/8，速度 1/100s，ISO100

影棚拍摄人像的布光，大都以侧光为主光，因为这种光线刻画人物的能力最强。常见的布光还会在另一侧增加辅助光源或反光板，为阴影处补光。但作者并不想过分突出准妈妈的凸出曲线，所以只用了一盏影室灯。

董帅 摄
焦距 135mm，光圈 f/5.6，速度 1/800s，ISO100

侧光能够带来光影强烈变化的特点，使其成为了所有摄影题材的万能用光。在侧光的作用下，公路上影影绰绰，而金色的白桦林也明暗相间，白桦树干反射出耀眼的光亮。

9.4 光照角度——平光、顶光与脚光

光照角度是根据光源、拍摄主体的竖直位置关系，将摄影用光分为平光、顶光和脚光三种基本类型。不同的光照角度下，拍出摄影作品效果差异也很大，其中顶光和脚光都属于特殊角度的光线，不适合作为主光拍摄，而平光是最有用的摄影用光，而广义平光中，照射角度的差别，会对摄影艺术造型，产生很大的影响。

问号 摄
焦距 18mm，光圈 f/5，速度 1/640s，ISO100

中午时分的顶光，几乎对所有的题材都不适合。明暗对比过于强烈，两者的细节都不能完美地表现出来；影子在景物的正下方，影子边缘线非常锐利；最难解决的是过强的阳光，使景物的反射光也非常强烈，使得其色彩饱和度降低。既然坏处这么多，摄影人不如在此时休息一下，养足精神下午再创作。

敬翰 摄　模特：晏晏
焦距 35mm，光圈 f/2，速度 1/160s，ISO400

　　脚光，是以低于相机水平面的角度，向上照射的光线，通常只用于棚拍中，拍摄特殊创意的人像或静物所用。这种用光方式，所造成的影子与日常效果完全不同，令人有奇异的感觉。

■ 9.4.1 低角度的黄金光线

低角度光线，是平射光的一种，是指光线的照射角度为 0°～ 30°，这样的光线会将景物的迎光面细节刻画得非常清晰，而阴影处很暗，并形成长长的、明确的影子，光影变化强烈，反差大。

低角度光线，在自然中体现为日出、日落的光线，非常适合于风光的拍摄。风光摄影家称其为黄金光线，是绝不会错过的。此时，除了光影效果强烈的优势外，光线的颜色表现力也尤为特殊——偏红黄的暖色效果，艺术感染力极高。黄金光线持续的时刻非常短，通常不到一小时，在此时进行拍摄，拍摄的重点在于用光方向以及测光、曝光的把握上，其最重要的原则是"宁欠勿过"。

问号 摄

焦距 90mm，光圈 f/11，速度 1/15s，ISO100

日落时分的光线，最迷人之处就在于它会在地面上拉出长长的影子。画面中的树影，甚至超过了树木自身的高度，影子斜插过画面，使得画面有了光影浮动的感觉。

王勃方 摄

焦距 16mm，光圈 f/8，速度 2s，ISO100

日落之后，太阳还会从地平线以下照亮天空中的云层，形成美丽的云霞。
作者巧妙地利用湖面的反光，加强了霞光效果，画面充满了空灵的感觉。
因此，日出前和日出后，同样也是最佳的用光时段，不要放弃。

陈杰 摄
焦距 40mm，光圈 f/8，速度 1/250s，ISO200

高帅 摄
焦距 35mm，光圈 f/1.8，速度 1/8000s，ISO100

利用低角度光线拍摄人物的剪影，效果最好。
明亮的天空和湖面明亮的反光，是天然的白
色背景。孩子活泼的身影与水面的水鸟构成
一幅充满想象力的照片。人物的衣着和色彩
会影响到剪影效果，看，穿白色羽绒服的孩
子和白天鹅就很难表现出剪影效果来。看来
拍摄对象的选择也需要有所考虑。

■ 9.4.2 斜射角度的最佳光线

斜射角度光线，是指光线的照射角度为 30°～ 60°，这样的光线在刻画景物的迎光面时，在景物突出部分的下方，会产生一定的阴影，有利于表面的立体感体现。因此称其为最佳光线。斜射角度的光线，尤其适合于棚拍人像，因此在布光时要善于利用。

花想 摄　模特：草莓
焦距 35mm，光圈 f/2.8，速度 1/200s，ISO250（多次曝光）

拍摄人像的斜射光线，通常都是在水平和竖直方向上呈 45° 角的方向，这样最亮的高光点，在于人的额头上，影子也是向斜下方延伸，这是最符合观察人物的习惯用光，也是立体感表现最强的用光。

老纳 摄
焦距 60mm，光圈 f/8，速度 1/125s，ISO100

　　自然光中的最佳光线时刻，是在一天当中的上午九十点钟和下午的三四点钟，此时太阳与地平线呈 30°～ 60°角。从侧上方照射下来的光线，令被摄景物有明亮的部分，而且景物还有自身的投影，作品中有丰富的明暗过渡与对比，摄影作品的清晰度和立体感都很强。最佳光线持续的时刻较长，有利于拍摄者细致考虑拍摄技术的运用，而且它适用的题材也很广泛，风光、人像、纪实和动植物小品等题材都会有上佳的表现，摄影爱好者一定要重视利用。

问号 摄
焦距 27mm，光圈 f/6.3，速度 1/125s，ISO100

侧光、斜射角度的光影效果，在这张照片中体现得非常明显，我们不光可以观察到建筑物的不同立面有着明暗的不同，在椰子树的树干上，也可以观察出明暗的柔和过渡。看路面上椰子树的影子，对画面的深远感，产生很好的影响。

高帅 摄
焦距 200mm，光圈 f/2.8，速度 1/1000s，ISO100

第 **10** 章

风光摄影特殊用光实例

风光摄影，被称为光影作画。摸透了光的脾气，对于拍摄风景，尤其是创作出好作品，至关重要。对于普通人来说，晴朗无云，风和日丽，艳阳高照，是拍照片的好天气，可对于风光摄影家来说，却觉得这样的天气并非最佳，他们通常是早出晚归、顶风冒雪，其实是在选择适合的创作光线。在此，我们将那些特殊的风光摄影光线介绍给大家。

10.1　早晚用光

　　每天当中，最适合风光摄影创作的光线，在于一早一晚两个时段。早上的时段，在于从黎明天边露出晨曦，到太阳升起后 1 小时的阶段里；而晚间的时段，是从日落前的 2 个小时，到日落后天空完全黑暗下去之间。在这两个时段里，光线照射角度低，地面景物光影对比强烈；而天空的亮度和色彩，也会随着太阳高度，有着微妙的变化。

　　在这两个时段中，当太阳在地平线之上时，顺光、侧光、逆光的用光角度都各有精彩；而当太阳在地平线之下时，则多用逆光角度，拍摄晨曦与晚霞。

问号 摄
焦距 35mm，光圈 f/22，速度 1/40s，ISO200

丁博 摄
焦距 24mm，光圈 f/2.8，速度 1/160s，ISO200

当太阳在地平线之下时，我们的拍摄方向，一定是要向着日出和日落的方向，此时，那里的天空最亮，而且色彩变化也是最为丰富的。只有当地面上有反光的水面时，地面上才会有明暗的变化。作者利用梯田水面反射出的天光，勾勒出大地上的线条。

阿戈 摄
焦距 40mm，光圈 f/18，速度 5s，ISO200

问号 摄
焦距 16mm，光圈 f/8，速度 1/4s，ISO100

日出、日落时分，当太阳在地平线上的时候，使用逆光和侧光的效果最好。逆光海滨作品中，作者特意用草棚的剪影挡住过于强烈的太阳光线，让天空由金黄到粉紫的色彩变化，得到凸显。而在草原日落作品中，侧光让大山的影子遮住画面下方，使得闪亮的小路，格外耀眼。

10.2 云天光线

　　云天的光线，是非常适宜风光摄影的。无论是蓝天中白云朵朵，还是风起云涌，只要我们能够分辨出云层的体积、形状和浓厚来，都是不错的拍摄光线。云天光线的最大特点，是瞬息万变，阳光不断在直射大地与被遮蔽间变化，而大地之上，要么有云影的明暗，要么会有一束神奇的阳光穿透云层，照亮某一小块地面。

　　云天摄影的用光，就是要把握住这些瞬息变化的光线，尤其要关注地面景物受到云影的影响，所形成的明暗变化；同时，可以将云层或阳光光芒纳入画面，烘托画面气势。

小述 摄
焦距 14mm，光圈 f/8，速度 1/400s，ISO100

问号 摄
焦距 28mm，光圈 f/8，速度 1/400s，ISO100

乌云聚向山巅，却没有挡住阳光照射到地面上白色古城。云天摄影，要格外关注地面景物的光照效果，有时，需要更多的耐心，等待云影移开，等待阳光照射到主体景物上来。

王勃方 摄
焦距 16mm，光圈 f/4，速度 1/1000s，ISO100

问号 摄

焦距 55mm，光圈 f/8，速度 1/250s，ISO100

要想表现好天空中的白云，可以借助偏振
镜。它的作用一方面可以压暗蓝色的天空，
另一方面还可以过滤掉白云上的一些散射
杂光，让云层的细节体现得更多，增加它
的体积感和重量感。

10.3 雨天光线

阴雨中的光线属于弱光光线，其特点在于散射光线均匀柔和。由于没有明确的照射方向，因此也没有光影的明暗变化。阴雨天初期的光线，与雾天类似，空气透明度低。而最适合摄影用光的雨天光线，是在雨天即将结束和雨后天晴时分。这时空气明显通透了，各种景物在雨水的冲洗后，干净而清晰；而随着云开雾散，光线也增强增亮。此时正是创作的好时节。

问号 摄
焦距 55mm，光圈 f/5.6，速度 1/500s，ISO100

雨后天晴，彩霞满天，此时空气中还包含着湿润的水汽，所以当阳光穿透云层洒下来时，光线经过小的雨滴反射，形成了四射的光芒。摄影家们在下雨时，总是坐立不安，不时要察天观色，看来影友们还需要学习一些天气常识了。

阿戈 摄
焦距 17mm，光圈 f/16，速度 1/30s，ISO200

雨天光线相对较暗，而且照射均匀。在拍摄时，最好能够通过景物自身的色彩亮度，形成明暗的对比。比如本作品中，白色的浪花和布满水草的礁石，不同景物自身的明暗对比，克服了雨天光线的低反差。

10.4 雾景用光

　　浓雾的天气，是不适合于风光摄影的。因为空气的能见度很差，稍远一些的景物就分辨不清了。而适合于拍摄的雾天光线，则是一些特殊地点的、有着独特形状的雾，比如山间的晨雾、雨后的水雾、湖面水雾，以及乡村炊烟所形成的尘雾等，这些雾气具有独特形状，轻柔、飘渺，有浓淡轻重感，尤其是它们时聚时散，在阳光照射下，形成与众不同的质感体现。

　　拍摄雾气，用光方向可以用顺光，表现其体积质感，也可以侧光或侧逆光，这样可以表现出光线穿透薄雾时，所体现的光路以及明暗变化来。

问号 摄

焦距 50mm，光圈 f/11，速度 1/60s，ISO100

阿戈 摄

焦距 17mm，光圈 f/11，速度 1/20s，ISO200

高山上最美的就莫过于云海的出现了。可惜那是可遇而不可求的。而在高山上的雾景，出现的几率就很大了，夜间山中的溪水和树木蒸发出来水汽，在黎明前都会形成雾气，弥漫开来。而这雾气在太阳初升起的几分钟内，就会烟消云散。所以要抓紧日出前后的十几分钟，抓紧拍摄。

问号 摄
焦距 150mm，光圈 f/8，速度 1/500s，ISO100

陈杰 摄
焦距 70mm，光圈 f/8，速度 1/60s，ISO100

农村早晚的炊烟也是雾景的题材之一。它们在每天固定的时间都会出现，因此，拍摄机会就很多了。针对本作品中草原山谷的环境，最好选择侧光的角度，选择无风的天气拍摄，可以拍摄到烟尘弥漫整个广阔山谷的壮丽景象。

10.5 冰雪用光

冰雪摄影的题材很广泛，因此用光难度也比较大。整体总结来说，拍摄大的冰天雪地的场景，适合于使用顺光的角度，表现出一片白色的、童话般的冰雪世界；而小的题材场景，则适合于使用侧光和逆光，用于展现雪的体积感、质感和晶莹剔透的感觉。而强光和弱光，对冰雪用光也有很大影响，强光下画面清晰，冰雪的质感体现强；而风雪中的弱光下，有助于体现漫天冰雪的气势。

董帅 摄
焦距 17mm，光圈 f/6.3，速度 1/250s，ISO100

雪过天晴，顺光的角度，让红色的宝塔楼，在蓝天、白雪的映衬下，格外巍峨壮观。此时不必考虑过多的用光的技法，只要将这玉树琼花，飞檐凌宇的景象表现出来，就足够震撼人心了。

董帅 摄
焦距 30mm，光圈 f/7.1，速度 1/640s，ISO100

董帅 摄

焦距 17mm，光圈 f/4，速度 1/8000s，ISO100

冰的透明感，一定是在逆光的角度，才能真正体现出来。作者在拍摄时，如果再增加 1.5 级的曝光量，会令冰柱的晶莹剔透感更力强烈。

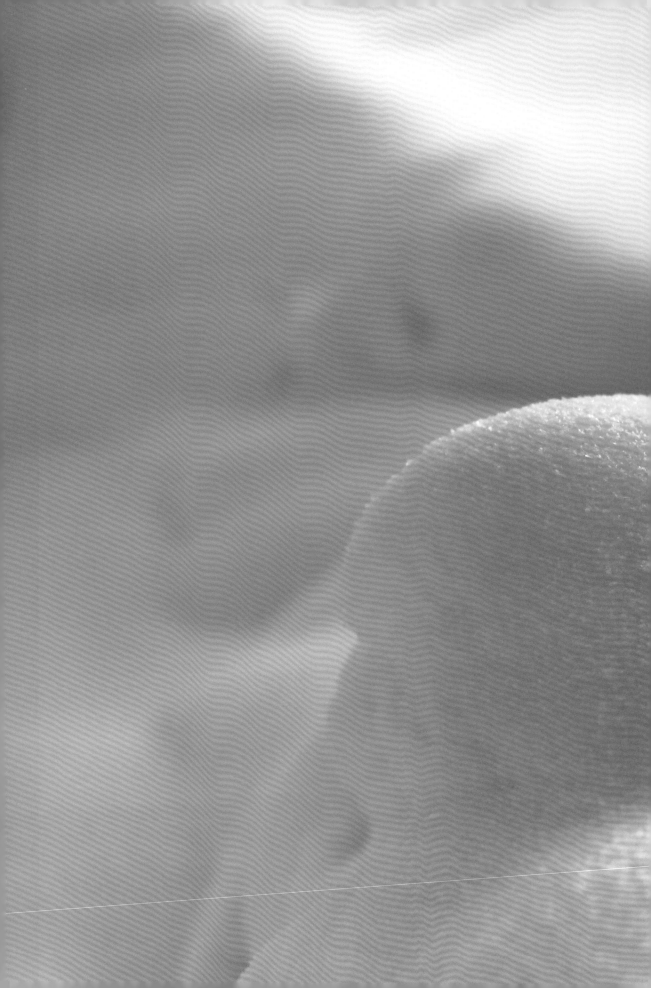

董帅 摄
焦距 85mm，光圈 f/2.5，速度 1/3200s，ISO100

对于冰雪细节小品的用光，需要格外用心。看作者使用侧逆光，让白雪也呈现出明与暗、白与灰的变化。这也就是冰雪摄影中，最吸引摄影人的魅力所在。在拍摄这样的作品时，要考虑到曝光控制的因素，最好增加一级曝光量，让白雪真正"白起来"。

人像摄影用光，是和人像摄影取景造型并重的技法，是作品成功的关键；而精彩的人像用光，可以令作品添光增色。当然，人像摄影用光技巧非常精深，深究起来非常微妙，本章结合以下介绍的作品，领略拍摄人像的用光精道之处。

第**11**章

花想 摄　模特：Hwaeling

人像摄影用光实例

11.1 自然光用光

自然光下拍摄人像作品，大家多关注用光方向——顺光、逆光或侧光，尤其是逆光拍摄尤难。其实突破这一难点，可以采取"曲线救国"的方法，从光照强度入手，采用"宜弱不宜强"原则，多采用弱光、匀光拍摄，避免使用强光。这样，无论使用哪种用光方向，都不会产生大的失误，而且稍作调整，就可以显现出调整效果，经验积累很快。

■ 11.1.1 草坪花丛用光

草坪、花丛的环境，其特点是光线直接照射在人物身上，毫无遮挡，因此光效强烈。如果在这一的环境下，使用白天强烈的阳光拍摄，人物的脸上、身上会有强烈的阴影。因此，在草坪或花丛拍摄，最好使用薄云天气的弱光线，或是避开强光时段，利用夕阳、日落时分的光线最佳。

陈杰 摄
焦距 85mm，光圈 f/2，速度 1/200s，ISO200

在花丛中拍摄，利用薄云半阴的天气，花朵的色彩柔和，背景中也不会出现浓重的暗影，整体拍摄环境明暗变化适中。而对于人物拍摄来说，由于没有顺光、逆光的影响，可以更自由地选择拍摄方向，把精力集中在人物的神态、姿势上。

敬翰 摄　模特：温晓莉
焦距 35mm，光圈 f/2，速度 1/2000s，ISO400

蒲云天气下，日落时分也会有些光线照射，但此时的日落光线受到云层的遮挡，照射过来强度已经大大减弱了，对于拍摄的影响很小。从作品中，我们可以看到人脸背光方向的阴影并不暗，稍作曝光补偿（加 0.5 级曝光）即可。

花想 摄　模特：Kitty
焦距 24mm，光圈 f/2.8，速度 1/400s，ISO200

■ 11.1.2 林间用光

　　树林中的光线，是非常适合于拍摄人像作品的。因为有了树叶的遮挡，树林中的光线明显地变暗，并柔和了很多。而更大的好处在于，树林中有不同的光线可以选择，比如在树叶浓密处，就类似与阴影的散射光；而在树叶稀疏处，光线又可以直接照射进来，形成明确的直射光。这样，无论外界光照有多强，树林中的小环境，都可以满足拍摄需要。且无论从用光方向和用光角度上，难度都降低了很多。

Gyeonlee 摄

焦距 50mm，光圈 f/2，速度 1/3200s，ISO200

在密林深处，树木之间大的空隙，会有光线直接照射进来，类似舞台上的追光效果，也可以称其为区域光。而这种光线的形状和强度更自然。作者让人物的脸部，位于这个光区的边缘处，使得直射效果更柔和，值得学习。

Gyeonlee 摄
焦距 50mm，光圈 f/2，速度 1/500s，ISO200

作者让树林外明亮的天空光线，透过枝叶间
的空隙透露过来，形成了星光弥散的感觉，
增加了梦幻的感觉，和人物的神态非常贴合。
这种用光相当巧妙，值得借鉴。

Gyeonlee 摄

焦距 50mm，光圈 f/2，速度 1/1000s，ISO200

树林边缘，面向外界的开阔处的光线，类似
房屋的廊下或落地窗口的光线，均匀的面光
源照射过来，柔和而描绘力极强，我们可看
到无论亮部还是阴影部分，皮肤的质感都极
佳。这个位置的光线，可谓是大自然提供了
大型的柔光箱，给摄影人使用。

Gyeonlee 摄
焦距 50mm，光圈 f/2，速度 1/60s，ISO100

当我们从明亮的外界进入树林，会觉得其中很多地方过于阴暗。其实真正在密林深处，光线也不是暗得不能运用。待我们的眼睛适应一会儿，就会发现，在枝繁叶茂处拍摄人像别有光影的迷人之处。

■ 11.1.3 海滨用光

碧海蓝天，是被摄人物喜欢拍摄的环境，可对于摄影师来说，海滨摄影从用光上来说，难度实在是很大。海滨摄影用光，首先是阳光照射强烈，明暗反差太大；其次，在于海面、沙滩都会反射光线，形成杂光干扰。因此，通常的海边用光，都会寻求早晚光线，既有蓝天碧海，又有夕阳沙滩，被列为首选。如果实在要在白天拍摄，就一定要借助闪光灯、反光板等器材，这无疑增加了操作难度。

邢颖 摄

焦距 8mm，光圈 f/3.5，速度 1/100s，ISO100

在黎明或黄昏，太阳在海平面下，此时人像用光最佳。没有太阳强烈的直射光芒，只有天边霞光，其亮度也高且均匀，而且大海表面、天空和沙滩都会有光线，为人物提供照明，在这样均匀的光线包围下，拍摄时用光可以更自由，从任何角度拍摄，都有上佳表现。

邢颖 摄
焦距 43mm，光圈 f/2.8，速度 1/125s，ISO100

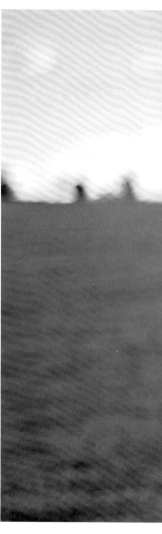

高帅 摄

焦距 50mm,光圈 f/2,速度 1/4000s,ISO200

在晴朗天气下拍摄海景人像,带上一支闪光灯是个绝妙的技巧。利用闪光灯为人像提供照明,而曝光依据蓝天碧海决定。拍摄时不用考虑顺光、逆光,让闪光灯一直开启,人物的脸部会一直有合适的曝光,而且还可以避免脸上强烈的阴影,可谓一举多得。

■ 11.1.4 室内窗口

　　室内拍摄人像，光线最佳的地点是在窗口附近，最好不要有直射的阳光。这类窗口光线的特点，是均匀、巨大的面光源。这类光线首先有明确的方向性，可以在人物面部形成明显的明暗过渡，有利于立体感的呈现；而由于其均匀的特点，又可以保证明暗反差不会很大，避免造成画面中的死黑或死白。室内窗口的用光方向，多以侧光为主，还可以尝试使用逆光。与此地点类似的，还包括较深的廊檐下。

老纳 摄
焦距 50mm，光圈 f/1.8，速度 1/160s，ISO640

　　如果居室中配有落地窗，那里可是拍摄人像的最佳地点，无论是头肩像、半身像，还是全身像，都可以得到最佳的效果。作者让人物侧身对着窗外，利用落地窗的侧光效果，从正面拍摄人物，可以看到脸部和身体，从迎光面到背光面柔和的黑白灰过渡，用光极为精到。

敬翰 摄　模特：李悦
焦距 35mm，光圈 f/1.4，速度 1/640s，ISO640

让人物的脸面对窗外，而摄影师从靠近窗口的斜侧方向拍摄，是接近于侧顺光的用光方向。可以看到人物的脸部处于明亮，五官细节清晰可见。注意，窗口的光线衰减很快，在离窗口稍远处，光照度就低很多，尤其是对人物阴影处。如果觉得过暗，可以增加反光板，稍作补光即可。

Gyeonlee 摄
焦距 50mm，光圈 f/1.8，速度 1/50s，ISO800

利用窗口的光线进行逆光拍摄，可以把它创意地作为背景光使用。但拍摄时，对于曝光的控制要严格一些，测光点一定要选择在人物的脸部，保证这里的亮度体现，否则会出现"黑脸"效果。

Gyeonlee 摄

焦距 50mm，光圈 f/1.8，速度 1/50s，ISO1600

如果窗口是向阳方向，有直射阳光照进来，
最好能够避开直射时段拍摄，或加上一层纱
帘，这样就可以让光线柔和而适于拍摄。但
从此作品中依然可以看到窗口和人物迎光面
有过曝现象。其实不必害怕这种过曝，作者
让人物的脸部避开直射处，而窗口的明亮耀
眼还原了现场光效。

■ 11.1.5 室内灯光

　　由于数码单反的白平衡和高感光度技术的发展，利用室内的灯光拍摄人像，也成为了可能。但在拍摄前一定要对室内灯光的性质，有深入的了解。首先，灯光的亮度（照度）很低，因此需要使用较高的感光度，通常在 ISO1000 以上；其次，灯光的色温会带来偏色现象，要进行妥善的处理。使用室内灯光的好处，在于光影效果明显，拍摄者可以直接观察到效果。

老纳 摄
焦距 50mm，光圈 f/1.8，速度 1/80s，ISO1000

传统的白炽灯，带有强烈的红黄暖调效果。是人们熟悉而可以接受的偏色效果，因此在拍摄时，不必强调色彩还原，就利用这种暖调效果，让人物处于一种昏暗温馨的情调之中。

老纳 摄
焦距 50mm，光圈 f/1.8，速度 1/125s，ISO200

如果在室内拍摄的人物，距离光源很远或现场光杂乱，可以使用闪光灯作力主光源为人物提供照明。比较好的补光方式是离机闪光；而利用墙壁或屋顶进行跳闪也不错。直射闪光时，最好稍微减少闪光输出量，做到补光不露痕迹。

花想 摄　模特：猫
焦距 50mm，光圈 f/1.4，速度 1/100s，ISO200

新型的节能灯，色温差异很大。最多的是偏于蓝紫光的效果，这种光效虽然亮度高些，但人物肤色会失去健康的色彩，因此在拍摄前，最好能够进行手动白平衡调整，尽量还原人物肌肤的正常色彩。

■ 11.1.6 夜景街灯

夜景人像摄影创作的用光重点，在于控制主光与环境光的协调。通常夜晚的街灯，灯红酒绿比较杂乱，过于追求突出灯火的缤纷，画面效果并不佳。最好是选择靠近一盏较亮的街灯，作为主光源，为人物打光；而背景中的灯光尽量少一些、弱一些，把它们虚化成为光斑最好。

同时，还需要注意的是，街灯的亮度虽然看似明亮刺眼，实际亮度却与白昼相差甚远，因此要使用较高的感光度（ISO1000 以上）；而在曝光控制上，最好能够减少一两级曝光，避免把夜景拍得恍若白昼。

问号 摄
焦距 85mm，光圈 f/2，速度 1/100s，ISO1000

夜景人像的摄影中，减少曝光量是个重要的技法。作者通过减少 1 级以上的曝光量，使得杂乱背景完全暗下去，使得较亮的人脸一下在夜色中突出出来，而背景中咖啡馆的灯火昏暗，也带有了小小的情调。

问号 摄
焦距 85mm，光圈 f/2，速度 1/100s，ISO1000

夜景街道上的灯火，有各种不同的颜色，善加利用，可以让作品有小小的变化。作者利用一道紫色的光线，为人像一侧添加了不同的色彩，这道偏冷的紫色光线，让画面整体的橙色暖调有了一丝变化，丰富了调子。

敬翰 摄　模特：鹿溪
焦距 35mm，光圈 f/1.4，速度 1/60s，ISO1600

11.2　棚拍布光

　　棚拍人像，无从借助自然光线，完全要依靠人造光源为人物打光。影棚布光是门大学问，方式数不胜数。而普通的摄影人棚拍布光的机会很少，也无需太多的深入研究，不妨掌握最为实用的一两种，足够体会棚拍人像的乐趣了。

敬翰 摄　模特：晏晏
焦距 35mm，光圈 f/1.6，速度 1/160s，ISO400

■ 11.2.1 均匀布光

　　均匀布光，最简单的方式是利用双灯，从人物前方两侧45°角位置，使用大型的柔光箱照射过来，进行均匀的照明，俗称鳄鱼光。这种布光方法最为简单实用，适用性极广。布光效果明亮均匀，不会在人物正面形成暗影，可以清晰地展现人物的外貌特征和表情神态。

邢颖 摄
焦距 50mm，光圈 f/11，
速度 1/125s，ISO100

邢颖 摄

焦距 50mm，光圈 f/13，
速度 1/100s，ISO100

对活泼好动的孩子拍摄，
使用鳄鱼光拍摄最合适。
无论是她怎样手舞足蹈，
蹦蹦跳跳，都会处于均匀
光线的照射当中，非常有
利于抓拍其神态动作。

老纳 摄

焦距 70mm，光圈 f/11，速度 1/125s，ISO100

使用鳄鱼光拍摄时，作者增加了自己的小小创意。在两侧灯箱前，增加一红一蓝的
透明胶片，人物的脸上有了神奇的色彩冲突，画面活泼，而有跳跃感。

■ 11.2.2 突出光影

　　在影棚布光中，想要突出光影明暗的变化，比起均匀布光来说，难度就大了很多。最为经典的布光方法是伦勃朗光，它一般是使用三只灯进行布光，包括主光、辅光和背景光。主光从人物前侧 45°～60°方向照射下来，让人物鼻子、眼眶和脸颊形成阴影，而在颧骨处形成倒三角形的亮区，形成侧光的立体效果。辅光安排在主光相对的方向，亮度大约是主光的 1/4～1/8，作用是为阴影补光。背景光则是照亮部分暗黑的背景，突出装饰效果。伦勃朗光法，其实是模拟自然光中的前侧光立体效果，在布光时，可以多回想下它的效果。

邢颖 摄
焦距 40mm，光圈 f/6.3，
速度 1/125s，ISO100

复杂些的光影对比布光方法，通常要突出主光效果，可以使用有一定聚光效果的灯碗，控制照明范围，而辅助光以适当消除阴影，又不干扰主光为宜，要仔细调整。在这幅作品中，作者辅助光的处理，就很令人称道，很好地从主光的另一侧，勾勒出人物以及座椅的边缘，使其从阴影中显现出来。

邢颖 摄
焦距 60mm，光圈 f/11，速度 1/100s，ISO100

单灯的明暗光影效果是最为强烈的，作者利用这一效果，展现了人物柔美的身体线条。运用这类布光方法时，光线一定是柔和且均匀的。人物的服饰也最好是白色反光的纱料，而背景也宜使用黑色，并且距离可以稍远些。

第12章

针对动植物、景物一类的小品摄影，由于拍摄对象体积小，拍摄用光的自由度也就更大了，我们可以轻松地围绕它，以上下左右全方位的角度观察用光效果，并取得最佳的光影效果。

创意小品用光实例

12.1 花卉用光

在拍摄花卉时，用光一定要更为开放，不必拘泥。弱光、强光，顺光、逆光，高角度、低角度都可以尝试使用。

丁博 摄
焦距 35mm，光圈 f/2.8，速度 1/400s, ISO100

■ 12.1.1 顺光花卉

顺光拍摄花卉，重在表现花卉的形状和表面质感，因此，适合于选用比较柔和的散射光。这样拍摄出来的作品中，花瓣形态、层次和花瓣娇嫩的质感，都可以通过丰富的画面细节，细致入微地表现出来。而且利用较弱的顺光，可以让花卉间的暗影，表现为深黑，从而让画面产生明暗的变化，体现立体效果。

陈杰 摄
焦距 100mm，光圈 f/2.8，速度 1/20s, ISO800

弱光的特性是衰减得很快，顺光情况下，它照亮了花瓣的边缘，而花心深处则照射不到，阴暗下去。作品突出了玫瑰花瓣层层包裹的含苞形态，而幽暗神秘的深处，正是它娇艳诱人的所在。

■ 12.1.2 顶光花卉

顶光对于风景、人像、纪实等重大题材都是忌讳的用光方式，但唯独对于花卉摄影，使用来却别有一番风味。这是因为花卉有逐光的特性，它们会向着太阳开放，承受阳光的恩泽。在利用顶光拍摄花卉时，适合于采用低平或仰拍的视角。

陈杰 摄
焦距 12mm，光圈 f/9，速度 1/300s，ISO200

顶光用光时，如采用低角度的仰拍视角，其效果实际上与逆光相同。其特殊之处在于利用了蓝天作为背景，多了几分不同寻常的深远感受。

陈杰 摄
焦距 200mm，光圈 f/11，速度 1/160s，ISO100

这是运用顶光拍摄花卉的经典示例。强烈的阳光从上到下直射郁金香花，光线好像被承载到花苞里，并点燃花朵，好似无数支燃烧的蜡烛。这是来源于花瓣被照透，而形成的透射光效果，使用这种用光方式，一定要注意选择阴影作为花卉的背景，予以衬托，而且在曝光上要注意减少 1 级左右曝光量，突出画面的光影对比。

12.1.3 逆光花卉

利用逆光拍摄花卉，摄影人应该在此着力下工夫琢磨。这样的用光方式，实际上是用光影的抽象手段，描述事物美好的探索历程。掌握了逆光花卉的拍摄，不但可以令作品出类拔萃，更可以将这些经验运用到其他拍摄题材中。在逆光花卉的拍摄中，要关注逆光所带来的几种不同的效果：透射光、轮廓光和剪影。

陈杰 摄
焦距 200mm，光圈 f/3.2，速度 1/320s，ISO200

使用逆光最明显的效果是透射。花瓣和叶子，都是薄而透的，可以轻易被强光打透。而在其中最迷人之处在于叶子的脉络和花瓣上的纹路，拍摄中尽量让花卉和叶子处于暗背景的衬托下，而少许增加曝光量，可以增加透射效果。

陈杰 摄
焦距 135mm，光圈 f/4.5，速度 1/320s，ISO200

陈杰 摄
焦距 200mm，光圈 f/4，速度 1/1000s，ISO100

轮廓光的效果，在叶子和这类穗状的部分上，体现得更为明确。这是因为其边缘更为毛糙，而中心部分不透光的原因。拍摄时，同样需要暗背景的衬托，而在曝光控制上，适合于大幅度减少曝光量（1～1.5级），明暗光比更强烈，轮廓光效果更明显。

陈杰 摄
焦距 20mm，光圈 f/6.3，速度 1/1000s，ISO400

剪影效果，其实在拍摄树枝、树干时更容易体现，这是因为植物的这些部分完全不透光的原因。当拍摄花卉的剪影时，除了选择逆光方向外，最好选择较弱些的光线，避免透射效果的出现。在曝光控制上，减少的曝光量也应该大一些，在 1 ~ 1.5 级合适。

12.2　动物用光

拍摄动物的用光，可以参考拍摄人像作品，同样是多使用前侧光，利用光影的变化，来形成动物的立体感。而动物与人不同的地方，在于其毛皮的效果，因此，可以多用些较强的光线，使毛皮质感更佳。

■ 12.2.1　动物用光

无论是在野生环境，还是在动物园中拍摄大型动物，无疑使用室外的自然光线最好，这也是和它们的生存状态相协调的。拍摄中最好多利用柔和的顺光角度，来刻画它们的外形和神态；如果有机会在非洲草原拍摄野生动物，千万不要错过日出、日落时分的低角度黄金光线，此时，大可尝试使用逆光角度拍摄野生动物的剪影雄姿。

丁博 摄
焦距 200mm，光圈 f/2.8，速度 1/160s，ISO400

丁博 摄
焦距 200mm，光圈 f/2.8，速度 1/500s，ISO800

在柔和的光线下拍摄，有利于表现猴子拟人的状态，令画面带有了迷人的感情色彩。由于动物皮毛具有很强的漫反射现象而引起吸光效应，曝光时，可以少许增加些曝光量（0.5 级），这样可以令其毛发更清晰可辨。

■ 12.2.2 鸟类用光

鸟类的生活状态更自由，因此拍摄的用光方式也就丰富了很多。而要想鸟类的羽毛体现得更栩栩如生，最好使用稍强的光线，比如薄云蔽日时，用光效果最好。而使用直射阳光拍摄，则需要避免白色羽毛的强烈反光，导致过曝丧失层次。

丁博 摄
焦距 200mm，光圈 f/2.8，速度 1/320s，ISO200

丁博 摄

焦距 200mm，光圈 f/2.8，速度 1/2000s，ISO250

使用逆光拍摄鸟类，尤其是白色的鹭鸟和天鹅，一定要考虑到白加黑减的曝光控制原则，在这幅作品中，作者增加了 1.5 级的曝光量，表现出清新、光亮的色彩效果。

丁博 摄

焦距 200mm，光圈 f/2.8，速度 1/1250s，ISO160

拍摄鸟类时，即使是使用很弱的侧逆光或顶光，
也会很容易地形成轮廓光和透射光效果。这是
因为鸟类的羽毛表面有油脂的原因。事先寻找
好强逆光的角度，待鸟类展翅击水或振翅高飞
时，可以让阳光完全照透羽毛，形成强烈的光
影交错效果。

■ 12.2.3 居室宠物

宠物在居室内，一般都处于比较安静的状态，因此比较容易拍摄。与人像摄影类似，居室内最适合拍摄宠物的光线，就是在窗口附近。这里的光线均匀柔和，可以让宠物亮部到暗部的皮毛质感，细腻地表现出来。

高帅 摄
焦距 50mm，光圈 f/3.2，速度 1/6400s，ISO400

秋冬季节窗口的直射阳光相对柔和均匀，尤其是经过了玻璃和纱帘的过滤，强度适中。我们可以从这幅作品中，看到窗棱的明暗光影明确，但小猫身上，尤其是脸部明暗过渡非常柔和，神态表现甚佳。

王林 摄
焦距 17mm，光圈 f/3.2，速度 1/60s，ISO100

如果在室内的其他地方拍摄，光影效果就弱了很多。此时的用光最好以顺光为好，尤其注意要让宠物的脸朝向明亮的窗口，这样可以利用宠物眼睛角膜，来反射窗口的高光点，为其增加明亮的眼神光效果，使其神态更有趣味。

12.2.4 影室光宠物

在影室内布光拍摄宠物，绝对是有很高的难度，需要针对动物的毛发特质、颜色仔细加以用光控制，这就需要专门的用光技术和经验了。在这里提醒大家注意两点，一是针对其毛皮的质感，可以尝试使用影室灯的直射效果，突出其毛皮发亮的感觉；二是避免使用闪光，防止宠物受到惊吓。

邢颖 摄
焦距 24mm，光圈 f/4，速度 1/125s，ISO2000

针对黑色而毛皮发亮的大狗，增加影室灯的亮度输出，可以使其毛皮的光感更强。在曝光控制上，可以增加 0.5 ~ 1 级的曝光量，增加细节层次的表现。

王林 摄
焦距 35mm，光圈 f/8，速度 1/125s，ISO100

柔和的影室灯布光，可以突出表现宠物的姿态和娇弱的神情，但对毛发的质感表现稍弱。

丁博 摄

焦距 24mm，光圈 f/1.4，速度 1/3000s，ISO500

■ 12.2.5 鱼类拍摄

拍摄水族馆或自家鱼缸里的鱼类时，首要问题是避免鱼缸壁表面反射的杂乱光影，在水族馆可以寻找外界黑暗的拍摄环境，在家则需要在夜晚，并关闭室内光源，而只利用鱼缸自身的照射光源。光在水中的衰减率比在空气大很多，因此容易产生强烈的明暗变化，但需要在曝光控制上，大幅度地减少曝光量，减少量至少在 2 级。

丁博 摄

焦距 50mm，光圈 f/1.8，速度 1/80s，ISO400

12.3　静物用光

　　利用室内外的自然光线，也可以拍摄出好创意的静物作品来。但这类摄影作品，多是利用环境和气氛的烘托，表达感情色彩，扩展观众的想象空间。但由于这种环境中，无法全面控制光线，很多产品的基本特性无法展现出来，不能满足商业客户的苛刻要求。因此，作为商品广告类的作品来说，还是需要在影棚内进行周密的布光，重点突出商品的使用特征和材料质感。

问号 摄
焦距 30mm，光圈 f/2，速度 1/50s，ISO200

高杰 摄
焦距 50mm，光圈 f/3.5，速度 1/1600s，ISO100

作品通过自然环境（蓝天、草地）和陪衬物（气球），展现出精致玻璃杯，在酒宴上呈现出雅致的效果。但缺乏其全貌、花纹的具体介绍，因此更适合于杂志的配图，来烘托气氛。

■ 12.3.1 玻璃器皿

拍摄玻璃制品，讲求使用背光，即在玻璃杯后使用大型的、光线均匀的灯箱，利用逆光的效果来突出玻璃杯洁净、透明的效果。而为了勾勒出玻璃杯两侧的边缘的分界线，会在拍摄台两侧布置黑色吸光的丝绒布，这样黑色的玻璃杯边缘就出现了。

王林 摄
焦距 100mm，光圈 f/18，速度 1/200s，ISO100

在商业摄影中添加创意手段，会为作品添加一些趣味因素，避免商品照的单调乏味。添加了手的黑色剪影，画面的形式感更强，更容易吸引观众的眼神。

■ 12.3.2 陶瓷制品

拍摄陶瓷制品，表现的重点除了其造型之外，表面光泽和质感的体现也相当重要。使用均匀的 45°度高侧光，表现其质感和立体感最为出色。同时，为了防止商品阴暗面的边缘线隐没在自身阴影中，可以适当增加反光板等进行补光，使其显现出完整形态。

邢颖 摄
焦距 50mm，光圈 f/8，
速度 1/125s，ISO100

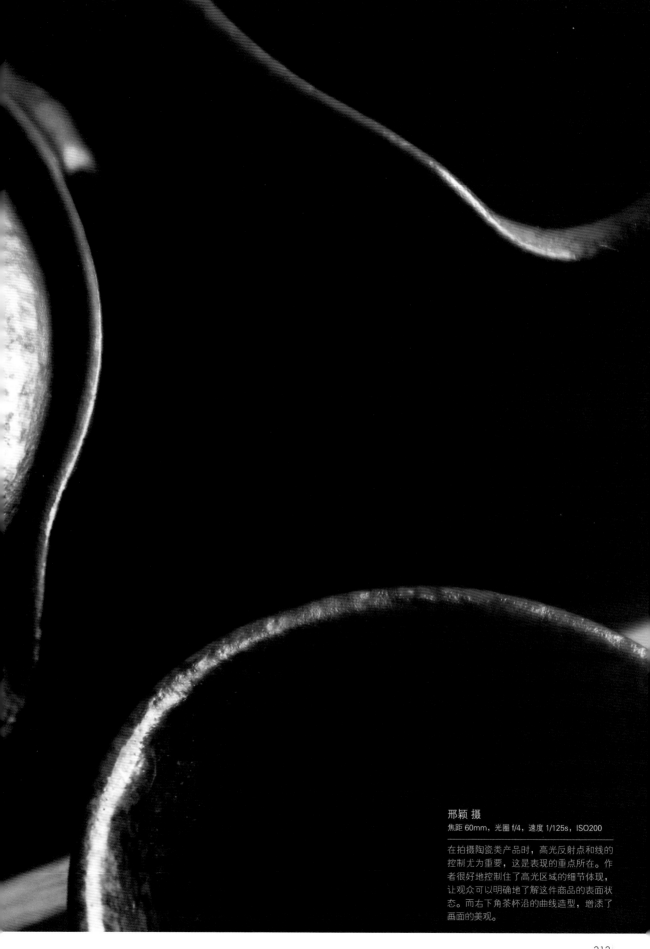

邢颖 摄
焦距 60mm，光圈 f/4，速度 1/125s，ISO200

在拍摄陶瓷类产品时，高光反射点和线的
控制尤为重要，这是表现的重点所在。作
者很好地控制住了高光区域的细节体现，
让观众可以明确地了解这件商品的表面状
态。而右下角茶杯沿的曲线造型，增添了
画面的美观。

■ 12.3.3 金属制品

拍摄金属制品的难度相当大，因其表面反光效果非常强烈，难以控制。所以通常的办法，是在隔离环境光的拍摄箱内进行拍摄。隔离了环境光以后，拍摄金属制品就容易了很多，使用顺光或侧光，都有不错的表现。

王林 摄
焦距 100mm，光圈 f/14，速度 1/160s，ISO100

王林 摄
焦距 90mm，光圈 f/13，速度 1/100s，ISO100

拍摄金属制品时，不仅要控制金属表面的反光角度，反射出高光亮区，还需要增加黑色区域，以黑白的对比效果，表现其形状的变化。在本作品中，画面上方圆柱体的弧度，就是通过增加黑色背景的反光，以亮暗亮的方式表现出来的。

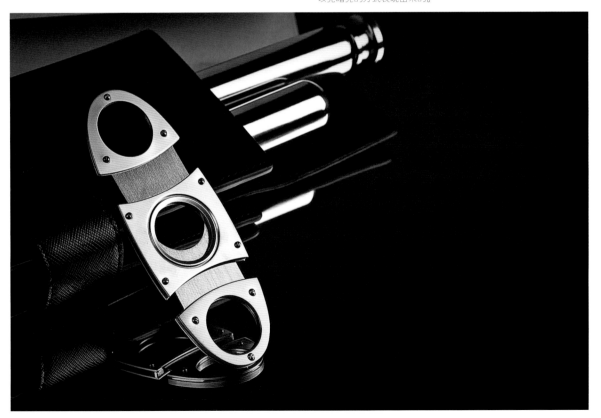

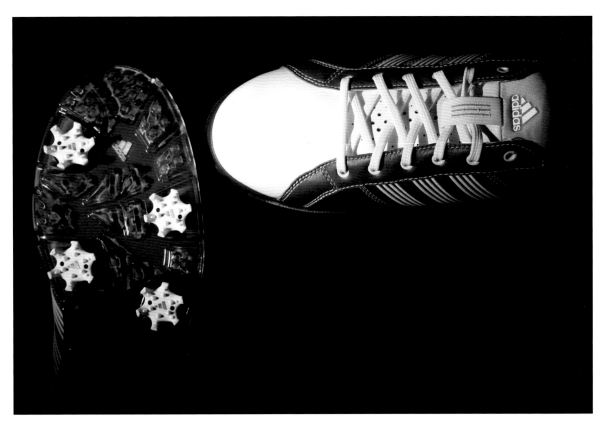

邢颖 摄
焦距 35mm，光圈 f/11，速度 1/125s，ISO100

亮面的皮革制品拍摄，一定要将高光（耀斑）体现出来，用光宜软些，要在高光中，还留有皮质的纹理质感。这样才能将产品特性表现出来。

■ 12.3.4 布匹皮革

拍摄布制、皮革类的衣服鞋帽等产品，对于拍摄环境的要求就没有那么严格了。拍摄用光总体上来说，使用增加了柔光箱的影室灯即可。如果衣服材料表面平滑，带有一定的反光，则光线可以控制的弱些，如果是毛呢、翻毛类的表面质地粗糙的，一定要将光线加强一些，有利于增加表面质感体现。

如果想要突出布料表面的褶皱和隆起，可以采用前侧光增加阴影，体现明暗对比。而拍摄平整的衣物，使用顺光简单实用。

邢颖 摄
焦距 24mm，光圈 f/11，速度 1/125s，ISO100

第13章

在拍摄创作中，仅会观察和利用光线是不够的，还需要把握和控制光线，最终让它影响到摄影作品的明暗艺术效果。作品的明暗效果，我们称其为影调；而控制影调的技术手段，称为曝光控制。这两者是艺术与技术的结合，需要作者既有艺术的思考和想象力，又有实际的技术操作能力。

影调与曝光控制

陈杰 摄

13.1 照片影调

影调简单的理解，就是摄影作品的明暗表现，是它在黑白灰影调级谱所占据的特定谱段，利用这特定的谱段，为画面带来不同的视觉感受和印象。摄影影调的区分，包括以黑色影调为主的低调，白色或浅白色为主的高调，以及以灰为主的中间调。而把这些影调，添加到不同颜色上时，颜色也有了明暗的变化。

深入地理解影调，不仅是明暗的表现，还有作品层次的丰富表现，通常情况下，中间调的灰占据的比例越多层次越丰富，下面就来详细介绍一下高调、低调和中间调的作品特点。

灰色级谱

自然界的灰色级谱是连续变化的，人眼视觉可以区别出近 300 个级别，而在摄影作品中能展现出 24 ~ 30 个黑白灰级别，就已经是过渡非常柔和的影调了。在此，我们将灰色级谱简化为 9 个级别，帮助大家理解作品的影调，它们分别是白、高明、明、低明、中间灰、较暗、暗、低暗和黑，其区别见下图。

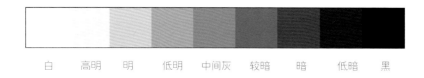

白　　高明　　明　　低明　　中间灰　　较暗　　暗　　低暗　　黑

■ 13.1.1 高调

高调作品，主要包括灰色级谱中的白、高明和明 3 个部分，通常它们要占据整个画面 80% 左右的比例，而其余 20% 的部分，一定是要低明以下深色调与之形成对比，而正是由于在大面积的浅色调的衬托之下，小部分的深色调显得格外突出，往往成为作品的视觉中心，发挥着巨大的作用。

邢颖 摄

焦距 50mm，光圈 f/1.4，速度 1/125s，ISO800

高调作品的呈现，最好能够舒朗宽裕。作者让
人物占据了画面很小的部分，整体画面开阔，
而这并不影响对人物眉眼间神态的表现。一头
黑发和腰间的深色丝带，起到了很好的压低影
调的作用。

高调作品拍摄时，大多利用白色或浅灰背景，并以散射的正面光照明，整个作品给人以明快、纯净、清新的感觉，非常适合于表象女性、儿童和花卉小品等题材。

丁博 摄

焦距 200mm，光圈 f/2.8，速度 1/250s，ISO100

整幅偏蓝的浅灰色彩之间，鹳鸟黑色的眼珠起到了真正点睛的作用。在高调作品中，这深黑一点的安排非常重要，它一定要起到传神的作用。

高帅 摄
焦距 55mm，光圈 f/1.8，速度 1/400s，ISO100

舞台摄影中，低调作品是绝佳的表现形成。它起到突出人物表情神态的重要作用，尤其是针对歌舞、音乐类的舞台表演，作者通过压暗所有环境，而使得主唱者得到明确的突出。

■ 13.1.2 低调

低调作品画面中黑、低暗和暗的部分，占据整体 80% 以上的部分，而其余部分（通常为画面的主体和视觉中心）为中灰以上的明度，并与大面积的暗部形成对比，从而达到突出主体的作用。需要注意的是，在低调作品中，中灰以上亮度，最好细腻地表现出灰度区别来，丰富这部分景物层次的表现。它们占据的比例虽小，但一定要精致而有内容，切忌苍白一片。

低调作品拍摄时，通常以暗或深色的景物为背景，用光宜用直射光线，并要确保高光层次的体现。低调作品给人以肃穆、凝重和庄严的感觉，多用于男性人像，而在自然风景、城市风光和夜景中也常有上佳表现。

王勍 摄
焦距 50mm，光圈 f/8，速度 15s，ISO100

在风光摄影中，低调作品会带来庄严、肃穆、神圣不容亵渎的感觉。作者利用佛塔和雪山，强烈反射阳光的性质，月夜下，展现出神圣的雪山与圣塔，不为常人所见的景象。

王勃方 摄

焦距 70mm，光圈 f/8，速度 1/100s，ISO100

中间调的风光作品，同样可以突出光线的明暗变化。从此幅作品中，我们可以看到热气球从亮到暗的变化过程，包括明暗的分界线效果，这是高调和低调作品中所不具备的。因此拍摄时一定要关注这些微妙的细节。

■ 13.1.3 中间调

中间调的作品，是摄影创作中最为常见的。照片中主要包括灰色级谱中的低明、中间灰、较暗 3 个部分，但其比例一般占据画面整体的 60%~70%，而其余的部分要被高调和低调协调分配。也就是说，整个画面中呈现出均匀黑白灰渐变效果，而视觉中心景物位于中间灰的调子当中。

中间调是适合于所有题材和主题，它给人的视觉感受真实自然、朴实无华。它给人的视觉冲击力不是很强，但具有很深入持久的吸引力。优秀的中间调作品，正是在寻常景物中体现充满意味的画面来，这对拍摄者的构思、光比控制和层次展现要求更高。

鱼子 摄
焦距 50mm，光圈 f/2.8，速度 1/200s，ISO200

带有怀旧色彩的人像作品，可以舍弃灰谱中明暗两极附近的部分，让整个画面只处于低明、中间灰、较暗和暗的部分。这幅作品中，我们可以看到作品的反差很弱，而带来的感觉，是作品细腻的层次描绘，暗示着女性细腻的感情色彩。

13.2　自动曝光与中间调

　　尽管光线会影响到作品的影调表现，但决定摄影作品最终呈现的高调、低调或中间调的效果，是由拍摄者的曝光控制。这一控制过程，是由拍摄者利用照相机的测光和自动曝光功能来实现的。最常用的平均测光和自动曝光结合，可以最简单地得到一张中间调的照片。

丁博 摄
焦距 16mm，光圈 f/2.8，速度 1/200s，ISO200

在纪实摄影的拍摄中，多数情况下，我们都可以依赖相机的自动曝光进行拍摄。即使在遇到逆光的情况下，作者使用自动曝光，也可以得到合适的亮度效果。

　　有经验的摄影人，会根据光线的强弱、方向以及环境、背景的明暗，在自动曝光的结果上，在正负一级内，增加或减少曝光量，求得影调层次最为丰富的中间调效果。因此，我们认为在 –1EV~ ± 0~+1EV 的曝光控制中，都可以得到中间调的摄影作品来。

王勃方 摄
焦距 35mm，光圈 f/2.8，速度 1/320s，ISO1600

在阴暗的大殿内拍摄，可以在自动曝光的基础上，
减少 0.5 级的曝光量。作者很好地利用中间调影
像，还原了现场的光线氛围，注意反光地面的纹
理和墙壁上的绘画花纹，我们都可以清晰地看到。

13.3 减曝光得到低调照片

拍摄时，利用平均测光模式，减少一级以上的曝光量，就会得到低调的摄影作品。尤其是当我们在以大面积的黑暗环境作为小比例高亮主体的背景时，大幅度减少曝光则是必须的。同时，在一些特殊的用光情况下，比如区域光、强逆光、日出、日落等情况下，减少曝光会得到不同于寻常照片效果的低调作品。

减少曝光量时，要根据实际情况进行考虑，暗黑背景占据比例越大，减少的曝光量越多；亮光的强度越大，减少的曝光量也应该越多。这些做法的初衷，都是为了让作品中高光层次得到丰富表现。

问号 摄

焦距85mm，光圈f/2，速度1/200s，ISO2500

在减少曝光量的时候，画面中的一些景物，会进入低暗和暗部的层次，而不容易分辨，拍摄时一定要考虑清楚画面的主题表现。比如这幅作品中，作者以天边的一道红色的霞光力表现主体，而前景中的建筑仅仅是陪衬景物，减少曝光量后，让其暗下去，对画面主题影响不大。

丁博 摄
焦距 50mm，光圈 f/8，速度 1/1000s，ISO100

王林 摄
焦距 180mm，光圈 f/29，速度 1/1250s，ISO100

阳光洒满海面，映出粼粼波光。我们在现场时很难观察到这样的画面，需要靠头脑的想象力，而进行创意的拍摄。作者在自动曝光的基础上，减少 2 级左右的曝光量，就可以让画面呈现于低调，而海面的渔船就表现为剪影效果了。

董帅 摄

焦距 24mm，光圈 f/6.3，速度 1/800s，ISO100

雪景是天然的高调景物，因此在拍摄雪景时，一定要相应地增加曝光量。尤其是在本幅作品中，不仅是雪景，满天弥漫的云雾，也和大雪类似，更需要增加曝光量，才能再现这千里冰封的壮观景色。

13.4　加曝光得到高调照片

在拍摄时，利用平均测光模式，增加一级以上的曝光量，则会得到高调的摄影作品。如在拍摄女性模特时，以大面积的白色帘幕作为背景时，则至少要增加一级或一级半的曝光量，才能表现出高调清新柔和的效果。高调作品的拍摄，对于拍摄题材要求更高一些，类似的拍摄主体和场景，还包括拍摄雪景、雾景或明亮的花海等。

在拍摄高调作品时，增加曝光量要比较谨慎，明亮、白色背景占据比例越大，增加的曝光量较多，但开始尝试时，最好以 +2EV 为极限，避免作品强烈过曝，导致画面中没有轻暗、暗与低暗的层次表现。

邢颖 摄
焦距 40mm，光圈 f/3.5，速度 1/160s，ISO100

用拍摄高调作品的方法拍摄女性人像，不但可以让人物的肤色显得更为白净，还可以增加画面纯洁的感觉。

13.5 曝光控制原则

"宁欠勿过"与"白加黑减"是控制曝光的两个重要原则，它们分别来源于测光技术原理和实际拍摄经验。这两个原则，在拍摄当中，应当根据现场光线景物，和创意画面效果，进行灵活运用。

■ 13.5.1 宁欠勿过

宁欠勿过，是几十年来摄影家们总结出来的曝光控制经验，对于风景、纪实等拍摄题材都是适用的，它保证了作品中高光层次的影调。对于数码单反拍摄的作品来说，保留的高光层次非常重要，而阴影中的层次，可以轻易通过后期调整出来。

简单地理解宁欠勿过的原则，是在拍摄中间调作品时，曝光补偿没有把握时，宁可不补偿或少量减少曝光，也不要轻易去增加曝光量，这是为了保护高光层次的表现。

王勃方 摄
焦距 16mm，光圈 f/8，速度 1/200s，ISO100

虽然是冰雪题材的摄影主题，但画面中冰雪所占比例不大，而且天空中还有高亮的云层，远处阴暗的山峰，是加曝光，还是不加，对于经验丰富的摄影家，也不能下定论。在吃不准的情况下，就不要增加曝光了。

在减少曝光量、创作低调作品时，可以更为大胆，减的幅度更大些；而在增加曝光量、创作高调作品时，一定要慎重，增加幅度要保守、小些，避免曝光过度，丢失作品的基本影纹。这也是对"宁欠勿过"原理的深层次理解。

拍摄风景时的曝光控制，最为紧要的曝光控制原则就是"宁欠勿过"。初步的理解，是日常拍摄时，在自动曝光的基础上，可以减少 1/2 级或 1/3 级的曝光，可以让作品光影效果更为突出，色彩更饱和些。而深入的理解，是在自己预想的曝光基础上，减少些曝光，比如拍摄冰雪，预想要增加 2 级的曝光量，而为保险起见，只增加 1.5级的曝光量。

问号 摄
焦距 70mm，光圈 f/6.3，速度 1/250s，ISO400

满天云霞，熠熠闪亮。拍摄中稍微的曝光过度，都会使它的亮度和色彩丢失很多。因此，在拍摄时一定要让曝光量多欠一些，比如在自动曝光的基础上，减少一级曝光量，绝对要保证云霞边缘的高亮部分体现出层次来。而且，图片有一定的曝光不足，后期的软件调整，是足以弥补的，不必担心。

Gyeonlee 摄

焦距 50mm，光圈 f/2.8，速度 1/400s，ISO400

宁欠勿过原理，在拍摄暗光人像时，也可以
大胆运用。比如作者拍摄的这幅窗口附近的
人像作品，就大胆地降低了曝光量，为的是
突出室内阴暗的环境下，人物身体的细腻质
感，形成强烈的艺术人体效果。

■ 13.5.2 白加黑减

照相机的自动测光和曝光原理，是以还原反光率为 **18%** 的灰板作为标准的，其结果是得到一张标准的中间调照片。"白加黑减"原则是根据相机的测光曝光原理，而总结出的拍摄特殊亮度景物的技术原理：在拍摄白色、高亮的景物时，要增加曝光量，还原其白色高亮效果；而拍摄黑色、暗的景物时，要减少曝光量，还原其黑色阴暗效果。

鱼子 摄
焦距 28mm，光圈 f/5.6，速度 1/250s，ISO1600

针对老茶馆里的阴暗环境，适当减少 1 级曝光量，可以让其环境气氛，真实地再现。

丁博 摄

焦距 180mm，光圈 f/2.8，速度 1/640s，ISO160

针对白色的鸥鸟和水面的反光，作者增加了 1/2 级的曝光量，将海鸥白色羽毛质感还原得非常准确，但不不丧失其中纹理。

董帅 摄
焦距 85mm，光圈 f/2，速度 1/200s，ISO100

在拍摄高调的花卉作品时，想要让原来中灰的背景处于低明或明的灰谱中，就需要大幅度地增加曝光量。作者增加了两级的曝光量，让原来深黑色的树枝，呈现出浅灰影调。再加上虚化，画面自然体现出洁净的效果。

第**14**章

在实际拍摄当中，我们会遇到很多特殊的光线或拍摄环境，需要我们进行有效的曝光控制。我们在这里，将其中的经验性知识，介绍给大家，作为创作时的参考。

特殊景物的曝光控制

14.1 日出、日落的曝光控制

拍摄日出、日落作品时，由于是正对着太阳拍摄，在曝光控制上要尤为考虑清楚。在太阳亮度高，阳光刺眼的情况下，要较大幅度地减少曝光量。如夏、秋季的阳光刺眼强烈，海滨、草原空气透明度高，阳光也强，此时此地，最好减少 1.5~2 级的曝光量；而在冬、春季节，以及云霞蔽日的情况下，阳光柔和，云影遮蔽，减少 0.5~1 级的曝光量也就可以了。

陈杰 摄
焦距 150mm，光圈 f/8，速度 1/200s，ISO100

针对海上日出，春秋季节的时节，太阳照射角度低，受到大气层灰霾的影响更大一些，所以亮度较低，红黄色彩过渡更强烈，拍摄效果最佳。在拍摄时，通常减少 1 级曝光量即可。

陈杰 摄
焦距 24mm，光圈 f/5.6，速度 1/800s，ISO200

夏季阳光强烈，天气变化剧烈，云影明暗效果更强一些。如果太阳从云层中露头，直射地面，可以减少 2 级的曝光量。而像这样半遮半掩的情形，减少 1 ~ 1.5 级即可。

14.2　水面反光的曝光

丁博 摄
焦距 80mm，光圈 f/13，速度 1/160s，ISO100

拍摄太阳在水面的反光，减少的曝光量可以多一些，掌握在 1 ~ 1.5 级比较合适，缩小使用的光圈，如 F13 ~ F22，可以让反光点，呈现出星光效果。

拍摄湖光山色的倒影，和海面上阳光反射的眩光，可以增加作品的光影效果，突破常规构图的平淡。要想让水面反射的景物或光芒在画面中更为突出，正确的曝光控制方法是减少 0.5~1 级的曝光量。这是因为，水面反射时，不但反射了我们需要的山景和树景等，还反射了天空等许多杂光；同时水面还会透射出水底的景物，所以要减少曝光量，将它们压暗，突出主要景物。

高杰 摄
焦距 24mm，光圈 f/5，速度 1/320s，ISO100

对于这样的顺光拍摄，水面倒映的是山景等其他景物，可以减少 0.5 级的曝光量，让水面更暗些，倒映的景物也更为明显。

14.3 流水长时间曝光控制

长时间曝光拍摄流水的题材，包括拍摄河流、小溪，以及波涛拍岸的大海，利用长时间曝光，通常设定的曝光时间为 5~30 秒，可以让流水翻起的浪花，化成轻纱、薄雾的状态。曝光补偿量是需要考虑的，可以在自动曝光的基础上，大胆地增加 1 级的曝光量。这样做的好处，一是可以成倍地增加曝光时间，强化画面效果；二是增加曝光量可以加亮轻纱和薄雾的白色，可谓相得益彰。

老纳 摄
焦距 17mm，光圈 f/11，速度 30s，ISO100

利用黎明前的暗淡天光，水面经过 30 秒的长时间曝光，有如磨砂的镜面一般。使用自动曝光设置拍摄，水的表面会体现为中灰的蓝色，有阴暗、寒冷、宁静的感受，正如此幅作品的效果。而要想把水面表现为明亮、洁白的效果，则需要适当增加 1 级左右的曝光量。

问号 摄
焦距 18mm，光圈 f/22，速度 3s，ISO100

阴暗环境下，拍摄山间的小溪，适当增加 0.5 ~ 1 级的曝光量即可，防止水边阴暗的岩石过曝成惨白的效果。

14.4 流动车流曝光

拍摄城市夜景，使用长时间曝光，利用行驶的汽车的车灯，形成光绘效果，让街道化身成光的河流，画面中有静的建筑，动的车流，场面壮观宏伟。曝光时间同样在 5~30 秒为宜，可以增加曝光量 0.5~ 1 级。增加的曝光量，可以稍许提高黑暗天空的亮度，避免天空死黑一片。

问号 摄
焦距 16mm，光圈 f/22，速度 30s，ISO100

王勃方 摄
焦距 16mm，光圈 f/13，速度 20s，ISO100

拍摄城市夜景车流最佳的时间段是在太阳落山后，建筑物的灯火刚刚亮起，天空呈现出幽蓝颜色时。不要等到天空完全黑暗下去再拍。适当地增加 1 级的曝光量，可以让天空更亮一些，能够像这幅作品中，体现出云层，效果最佳。

14.5　闪电与烟花

　　拍摄闪电和烟花的技法，手动操作要求更多一些，尤其是针对数码单反照相机，要使用手动 M 模式，同时最好能配备外接的电子快门线、黑纸和三脚架。

　　具体方法是：一、对准闪电和烟花易出现的方向架好三脚架，做稳定拍摄；二、设定拍摄参数，使用手动 M 模式，光圈设置为 F22，感光度为 ISO100，使用电子快门线，可以控制任意长的曝光时间（如无快门线，则设定为最长的 30 秒曝光时间）；三、在烟花、闪电未出现时就按下快门进行拍摄，当闪电闪过，或烟花最美姿态展现后，再按下快门结束曝光（如无快门线，就用黑纸挡住镜头）。整体曝光时间，要控制在 5 ～ 20 秒，如闪电或烟花出现过快，可以在其出现后，适当延长曝光时间。

陈杰 摄
焦距 24mm，光圈 f/18，速度 20s，ISO100

陈杰 摄
焦距 40mm，光圈 f/11，速度 5s，ISO200

14.6　星空曝光控制

　　星空摄影，从画面效果上分为两种。一是繁星点点型，即夜空中满是不动的星光亮点；二是斗转星移型，即通过地球自转，引起星星的相对位移，在画面中画出无数的同心圆弧。

　　繁星点点型，是仰仗数码单反照相机高感光度技术的飞速发展，而新兴的创作领域。其曝光控制，只需记下一组数据即可：曝光时间为 30 秒，光圈为 F4，感光度为 6400，手动对焦无穷远。按此设置拍摄，即可成功。

老纳 摄
焦距 17mm，光圈 f/4，速度 30s，ISO6400

选择地面上有些建筑物，可以让星空作品更有视觉冲击力，和画面意境，就如古诗所描绘的"银河落九天"。

问号 摄
焦距 18mm，光圈 f/3.5，速度 15s，ISO3200

斗转星移型的创作方法有两种。一种是间隔拍摄多张照片，通过后期软件合成，拍摄张数要在 200 张以上，曝光参数与繁星点点相同；二是直接利用电子快门线，进行超长时间曝光，曝光时间设置为 2 小时（以上也可），光圈为 F22，感光度为 ISO100，这种方法操作简单，画面效果更好，推荐使用。

问号 摄

焦距 18mm，光圈 f/5.6，速度 1 小时，ISO200

拍摄斗转星移的作品时，一定要加入一些地面固定的景物，作为陪衬，这样才能反映出星斗的运动感觉。没有像画面中这样理想的景物时，不妨寻找山峰、枯树或古城楼等，画面意境也同样深广。

老纳 摄

焦距 17mm，光圈 f/22，速度 3 小时，ISO100

14.7　光雾中的人像

当使用正对太阳的逆光拍摄人像时，直射阳光进入镜头，经过镜头内镜片复杂的反射、折射和透射过程，会在画面中形成白色的光雾。这种光雾。会影响到相机内的测光系统，很容易曝光失误。在这种情况下，通常的解决办法，是在自动曝光的基础上增加1级左右的曝光量，让人物得到较为合适的亮度效果。

老纳 摄
焦距 50mm，光圈 f/1.4，速度 1/800s，ISO100

鱼子 摄
焦距 50mm，光圈 f/1.4，速度 1/800s，ISO100

光雾中的人像作品，按照自动曝光，会让画面灰暗，尤其是主体人物表达不明确。可以使其偏向于创作高调人像作品，增加1级曝光量，提高整体作品亮度，突出浅灰色朦胧之美。这类作品与高调作品的不同之处在于缺乏深黑部分，且画面反差很弱。

14.8   灯火人像

夜晚燃起灯火，或在幽深的小巷提灯而行，是一种特殊光线下的人像创意。由这种火焰提供的光亮，较为微弱，而且很不稳定。相机的测光在此时受到黑暗环境的影响很大，自动曝光并不准确，可以在自动曝光的基础上减少 1 级的曝光量尝试拍摄。当然，稍准确的方法，是使用点测光功能，对着人物脸颊部，取得曝光数值。

陈杰 摄

焦距 16mm，光圈 f/4，速度 1/40s，ISO1000

灯火人像，需要格外突出环境的阴暗，才能体现灯火的明亮。因此拍摄时不要担心曝光不足，大胆地减少曝光，暗调效果才会格外突出。作者减少一级曝光量，突出了小姑娘凝视的生动神态。

鱼子 摄
焦距 50mm，光圈 f/1.8，速度 1/160s，ISO100

14.9 隔窗而望的人像

透过玻璃窗拍摄人像，在人像摄影中添加纪实的成分，也不失为一种有趣的创意尝试。人物在玻璃后面，拍摄利用的是透射现象，可玻璃还存在着反射现象，其表面会有各式各样的复杂景物和杂乱光线。此时，最好在自动曝光的基础上，减少0.5～1级的曝光量，减少明亮的杂光、杂景的影响，让处于亮处的人物更为突出。

敬翰 摄　模特：温晓莉
焦距35mm，光圈f/1.6，速度1/400s，ISO1000

在拍摄时，安排人物脸部位置，一定要避开玻璃上明亮的反光部分，不要让它影响到人物刻画。让人物的脸部处于画面的最亮处，是最容易让她突出的，所以，可以适当用手势提示她调整位置。

敬翰 摄　模特：王文 彭月
焦距35mm，光圈f/1.4，速度1/30s，ISO1000

375

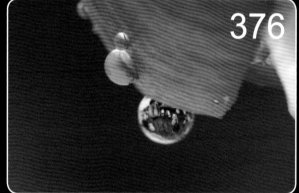

376

色彩篇

378

王勃方 摄
焦距 16mm，光圈 f/13，速度 0.8s，ISO100

第**15**章

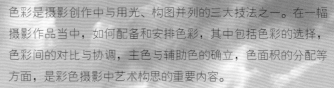

色彩是摄影创作中与用光、构图并列的三大技法之一。在一幅摄影作品当中，如何配备和安排色彩，其中包括色彩的选择，色彩间的对比与协调，主色与辅助色的确立，色面积的分配等方面，是彩色摄影中艺术构思的重要内容。

在摄影创作中，色彩的运用通常分为两个层面的理解，其一是追求色彩的还原，从而真实再现自然景物；其二，则是对色彩进行一定的艺术加工，适度地夸张、减弱、偏色，甚至消除等，从而体现出摄影者的个性化表达。无论是色彩真实还原，还是色彩调整，其实都没有绝对的对错区分，重要的在于作品能否真正表达出作者的创作思想和主题来。因此，我们就需要从根本上了解一些色彩原理，从而利用色彩的不同表现力，加强摄影作品的艺术魅力。

色彩的表现力

15.1　色彩的三个属性

自然界中各种物体的颜色，都是因为其吸收和反射日光中的不同色光程度不同而呈现出五彩缤纷的色彩的。比如红色的花朵，是因为吸收了日光中的其他色光，而只反射红色光而形成红颜色，这就是景物色彩的来源。而在人们研究色彩时，发现了不同色彩间的区别，来源于色彩的三个属性：色相、明度和饱和度。

■ 15.1.1　色相

色相，简单地理解就是色彩的名字，所以又称色名、色种，比如提到红色，所有人都明确知道那种颜色，不会混淆。

基本的色相包括 7 种，即组成日光的红、橙、黄、绿、青、蓝、紫的 7 种色光，以此为基础，在相邻的色彩中增加中间色，我们可以得到更多的色彩，组成 12 个色相，再增加相邻色间的中间色，又可以得到 24 个色相，而人的眼睛可以分辨的不同色相可以达到近百种。

高杰 摄
焦距 70mm，光圈 f/2.88，速度 1/80s，ISO160

真实还原色彩，是摄影写实性的特征。对于绘画作品，最好能够真实还原原作效果，勿使其有偏色力好。

高杰 摄
焦距 50mm，光圈 f/3.5，速度 1/2000s，ISO100

当一幅作品中，出现多种色彩时，最好能够让它们有规律地排列分布，避免杂乱，这样可以让作品有色彩带来的节奏和韵律感。

■ 15.1.2 明度

明度是色彩在人类视觉感受上的明暗程度,又称为(色彩)亮度。色彩明度的确定,是把白色的明度定为 100,黑色明度定为 0,各种不同的颜色,在明度上会产生明显的差异:

白色	黄色	橙色	绿色	红色	紫色	黑色
100	79	69	30	5	0.13	0

由上表我们可以看到不同纯色的明度,其差别是很大的,即它们给我们的明暗感受非常大。色彩的明度其实对于相机的测光系统也会造成影响,但由于系统原理非常复杂,在此不做详细介绍。但在拍摄黑白照片时,则需要预先构想景物的不同色彩在画面中的黑白灰亮度体现——比如花坛中的红色或黄色花朵,在黑白照片中,会造成巨大的黑白反差。

花想 摄　　模特:云生
焦距 35mm,光圈 f/1.4,速度 1/400s,ISO100

从色彩明度表中,我们可以看到黄色是属于较高明度的色彩,因此可以感到,这幅作品带给我们的是轻松明快的感受,这和人物的服饰也是相匹配的。

花想 摄　模特：Hwaeling
焦距 35mm，光圈 f/1.8，速度 1/2500s，ISO100

在色彩明度表上，红色和绿色都是明度较低的色彩，所以画面给人带来的感受是沉稳、安静。

■ 15.1.3 饱和度

饱和度是色彩的三属性之一，专指色彩的纯正程度，因此也叫作色彩的纯度。色彩学上的饱和度，是以光谱色为标准的，光谱色的饱和度最高最正，颜色最为鲜明。

王勃方 摄
焦距 50mm，光圈 f/1.8，速度 1/320s，ISO200

在自然景物中，很难找到颜色最正的景物，换言之，即使是饱和度最高的景物，它们都或多或少有些色彩偏离；而人造景物，则可以漆染得最为亮丽，饱和度极高。难怪它们那么吸引人。

花想 摄 模特：李礼礼
焦距 35mm，光圈 f/1.8，速度 1/1600s，ISO200

淡彩效果，很适合表现年轻女性的作品，我们可以在拍摄色彩艳丽的作品时，稍微增加 1 级的曝光量，给照片中的色彩中加入白色，形成淡彩效果。

饱和度的变化包括两种趋向：一是在纯色中添加了白色后，色彩明度增高了，但饱和度不足，色彩轻飘；而在摄影创作中，通过适当增加曝光值，色彩明度提高，而色彩的饱和度会不足，就形成了淡彩效果，或称为明调色彩；二是在纯色中添加了黑后，色彩明度降低了，饱和度过度，色彩浓重浑浊；而在摄影创作中，通过适当减少曝光，色彩明度降低，色彩的饱和度过度，就形成了重彩效果，或称为暗调色彩。

鱼子 摄
焦距 23mm，光圈 f/11，速度 1/50s，ISO400

在拍摄时，我们故意减少曝光量，会形成重彩效果。尤其像在本幅作品中，红色本身是明度低的颜色，减少曝光量，在色彩中掺入黑色，红颜色更为浓郁。

鱼子 摄

焦距 50mm，光圈 f/1.4，速度 1/160s，ISO100

15.2　亮丽的色彩表现

　　无疑，一幅色彩亮丽的摄影作品会给观众带来视觉上的强烈冲击力，这是摄影作品最直接的外在表达形式。明亮而强烈的色彩，通常是明度高的色彩，而当这种色彩的色相越接近光谱中的标准色，色彩也就更为鲜明。要取得色彩明亮强烈的效果，不仅要求色彩鲜艳夺目，还需要刻画色彩的细节层次和鲜明的对比。

问号 摄

焦距 18mm，光圈 f/22，速度 1/50s，ISO200

色彩亮丽的作品，通常是在光线明亮充足的情况下，创作出来的。比如这幅表现寺庙的图片，就是在晴朗天气中，利用直射阳光拍摄而成。画面中的红色、蓝色、绿色都十分鲜明。

■ 15.2.1 使用鲜明的整块色彩

　　鲜明而饱和度高的色彩能给人以冲击力，它的优势是可以保持构图的简洁，因此可以在画面中尽量使用大块的单纯色彩来构图。比如蓝色的天空、大海和湖泊，也可以是大片的绿色麦田或金黄油菜花田等。这样的色彩运用，从构图上显得简洁明确，画面形式感极强。

老纳 摄
焦距 17mm，光圈 f/20，速度 1/50s，ISO100

一块斑驳的洋红色铁板，大面积的蓝天和湖水，这些色块之间存在着鲜明的分界线，让整幅作品的色彩跳跃性极强，形成了亮丽色彩的最佳体现。

问号 摄
焦距 16mm，光圈 f/8，速度 1/4s，ISO100

阿戈 摄

焦距 21mm，光圈 f/11，速度 30s，ISO200

在深深的迷雾中，场馆的建筑隐约可见，点点路灯引导着观众的目光，慢慢消失在画面深处。相机的自动白平衡针对夜晚的浓雾，往往会造成幽蓝的色调，令画面色彩鲜明。如果使用白炽灯白平衡，这种蓝色调的控制可以更有把握。

■ 15.2.2 突出单一的主色调

主色调，通常是统治画面整体的一种基本色调，它可以起到为画面定性的作用。这种主色调的颜色饱和度一定要高，而占据的画面比例也要大，这样就可以给人以画面色彩鲜明、浓厚的感觉。摄影作品中常用的主色调最好是红、绿、蓝三原色之一，它们也是自然界中最常见景物的颜色。如日落时分，主色调就是红色，表现出一种辉煌壮丽的感觉；当主色调为单一颜色时，画面的色彩强烈效果更为明显。所以一定要擅用这些色彩。

董帅 摄

焦距 135mm，光圈 f/9，速度 1/200s，ISO200

秋季，一片白桦林的树叶变成金黄的颜色，金黄的颜色虽然分散，但统治着整个画面，使观众感受到色彩纯粹的效果。

陈杰 摄
焦距 150mm，光圈 f/2.8，速度 1/1250s，ISO800

色彩的丰富，不能等同于色彩凌乱。这幅运动作品中，主色调是蓝色，而红色和黄色，都是以虚幻的点状存在。整个画面看来丰富而且协调。

15.2.3 多种色彩的控制

摄影初学者都喜欢画面色彩越丰富越好，可一旦色彩过于混杂繁乱时，会适得其反——过多的色彩会导致画面杂乱。因此一定要注重它们之间的色彩关系和面积比例大小。首先还是要以整块的大面积色彩作为主色，其他的杂色所占面积要小，仅作为点缀和装饰作用。

陈杰 摄
焦距 85mm，光圈 f/2，速度 1/400s，ISO100

当丰富的色彩经过虚化，形成晕染的效果时，即使分布重叠，又无规律，也不会显得凌乱。我们可以看到绿色的树叶，橙色、粉色的花朵，经过虚化后，如果水彩画一样，画面中清晰的蝴蝶，格外引人注目。

15.3 运用对比色的原则

　　摄影创作中的对比色运用，是来源于历代摄影家大量的创作实践，当人们发现凡是两种颜色排列在一起时，在视觉上感受到鲜明和强烈的刺激，就形成了对比色。在摄影创作中，最常用的对比色是红绿对比和黄蓝对比。但这两种对比色关系，在运用时又有所不同，一定要区别对待。

■ 15.3.1 万绿丛中一点红

　　红与绿红花配绿叶的基本色彩常识广为人们所知，因此也是人们在花卉摄影中最常应用的对比色。但由于这种对比色的过度使用，就给了大家"近俗"的心理暗示。其实，我们不妨从"万绿丛中一点红"得到启发，即运用红绿对比时，绿色的面积可以更大些，而红色尽量少一些，哪怕真是只用一点也无妨，只要它的位置足够显眼。红绿对比运用在我们的拍摄实践中，建议在大家使用时，尽量选择红色的邻近色，如较为明亮的橙红色；而绿色则选择深一些的暗绿颜色。利用色彩明度的变化，避免"太俗"的感受。同样需要注意的还有色块的大小、形状的变化，以突破红绿对比色的常规应用。

王勃方 摄
焦距 70mm，光圈 f/8，速度 1/125s，ISO200

画面中有两块大面积的绿色，湖水与草坡，它们分别是偏黄的暖调绿与偏蓝的冷调绿色，绿色本身就有变化，而铁锈红色的小帆船，不仅从颜色对比上突出出来，其优美的造型，同样引人注目。

陈杰 摄

焦距 100mm，光圈 f/2.8，速度 1/200s，ISO100

红绿对比色的运用，最好不要追求纯正色间的对比。像本幅作品中，红色偏向品红，绿色饱和度也低，这样的效果，更加自然，意境也更深远些。

■ 15.3.2 黄与蓝的大面积对比

蓝与黄的色彩对比，在风光摄影中最常出现。我们可以从大自然中轻松发现它们的身影——头顶的蓝色天空和脚下宽广的黄土地，还有蓝色的大海和金黄色的沙滩等。蓝黄的色彩对比运用可以更大胆一些，可以做大面积的相互对比，增加画面的形式感。

黄蓝对比还可以有相应的色相变化，比如蓝色可以浓郁些倾向于紫色，或浅淡些倾向于青色；而黄色又可以偏向于橙红色，这样更贴近色彩学上黄与紫，橙与蓝的对比。

问号 摄
焦距 35mm，光圈 f/22，速度 1/50s，ISO200

金黄色的金属雕像与蓝色的天空，形成强烈的对比，双方的感觉势均力敌，使得画面活力十足。使用两种颜色的对比时，一定要大胆夸张，才能发挥其对比的力量感。

问号 摄
焦距 55mm，光圈 f/8，速度 1/125s，ISO100

自然界中大块的蓝色的景物，包括蓝天、大海、湖泊与河水，而黄色的景物包括沙漠、草场、油菜花田等，留心这些景物，可以轻松找到相对比的景物。本幅作品在拍摄时，水边的白桦树起到了点缀的作用，着重这些白色景物的穿插，可以令画面更轻盈。

15.4 和谐色的运用

在我们欣赏摄影作品时，会发现有些颜色在一起时，看上去非常舒服，比如蓝色的海洋和绿色的椰子树，或者秋天的红色和黄色的树叶交织在一起等。实际上，这就就构成了和谐的色彩搭配，即把不同色彩间的关系融洽协调。

■ 15.4.1 单色调的和谐效果

当作品中只使用同一种颜色或使用非常接近的颜色，那么利用这一色调的深浅变化，就可以很容易地得到色彩和谐的效果。比如在画面中出现朱红、大红、赭红等这一系列相近的颜色，会使画面得到色彩和谐的效果。

王林 摄
焦距 100mm，光圈 f/5，速度 1/200s，ISO400

在商业摄影中，若想让画面色彩和谐，就需要选择与被摄物色彩相近的背景。而背景的颜色宜更深暗一些，最好是以吸光的材料为好，这样才能通过布光效果，让画面主体更为突出。

鱼子 摄
焦距 50mm，光圈 f/1.4，速度 1/250s，ISO200

利用夕阳金黄的光线，很容易让人像摄影的作品画面统一在一个色调之中，这是因为人物的肤色也是与这种颜色相近。人物的服装搭配也最好以白色为佳，避免引起颜色的冲突。

■ 15.4.2 邻近色的和谐

　　在作品中，通过使用相邻的色彩，如黄色和橙色、蓝色和绿色，也可以获得色彩和谐的画面效果。但一定要注意这两种色彩的大小比例关系和影调的配合。

　　通常可以使用这样的方法：确定其中一种色彩作为画面的主色，让它占用大面积的画面；而另一种与之协调的和谐色占用的面积要小，而且降低这种颜色的饱和度，就会使得画面取得和谐的效果。

董帅 摄
焦距 50mm，光圈 f/4，速度 1/250s，ISO200

敬翰 摄　模特：小萱
焦距 35mm，光圈 f/1.8，速度 1/8000s，ISO100

红色、橙色、蓝色、紫色，这几种颜色的和谐和对比变化都非常微妙，强光下，这几种颜色都非常闪亮，色彩的对比也会强烈一些；而如果光线暗淡，它们会有相互的融合、过渡，而显得非常柔和。这种变化，在日落前后，显现得非常明显，在拍摄中，一定要仔细观察后，予以运用。

■ 15.4.3　降低对比色饱和度取得和谐效果

　　这是一种比较特殊的色彩和谐效果，虽然蓝和黄、红与绿是大家熟知的对比色，但通过降低画面的饱和度，也会取得色彩和谐的效果。饱和度的降低，是在纯色彩中加入白或黑，来增加或降低色彩的明度，拍摄时是通过加减曝光量获得的。

　　降低对比色饱和度的方法，在人像摄影中最为常用，主要是为求得画面呈现怀旧的感觉——照片年深日久，颜色退去，洗尽铅华，更增加令人怀念的味道。

老纳 摄
焦距 50mm，光圈 f/1.8，速度 1/150s，ISO800

gyeonlee 摄
焦距 50mm，光圈 f/2.8，速度 1/200s，ISO800

蓝色基调的作品，本身与人物黄色的肌肤有着
强烈的对比色效果，但整体压暗作品亮度，并
做虚化处理，灰蓝色的背景和谐地衬托人物，
相互融合。在这样的作用下，色彩艳丽的百花
也整体协调在画面中了。

15.5 冷、暖色调

所有的色彩根据它们的色相不同，会在人的视觉上形成不同的刺激，并形成不同感受，形成远近、进退、伸缩等的不同，而这些不同的感受，最终就将红、橙、黄、绿、青、蓝、紫的多种色彩，分为冷、暖两种色调。而冷、暖色调的运用，也就给了摄影作品不同的感情色彩。

董帅 摄
焦距 135mm，光圈 f/5.6，速度 1/100s，ISO200

风景中的暖调，宜使用激荡夸张的色彩，表现出自然壮阔雄浑的力量感。以强烈的视觉冲击力，一下子就使观众融入其中——夕阳的光线，仿佛将树林点燃，体现出如火的激情。

■ 15.5.1 红、橙、黄为主的暖色调

由红、橙、黄过渡组成的色彩区，构成了暖色调。暖色调给人以温暖、热烈和接近、扩张的感觉，而在摄影作品中，它为画面带来欢快、热烈和活泼的感受。所以，我们在突出作品的热烈激情或气势宏伟时，通常可以使用暖色调。

暖色调的主要代表景物包括日出、日落的太阳，秋季的树林以及烛光篝火等，这些都是不错的拍摄题材。

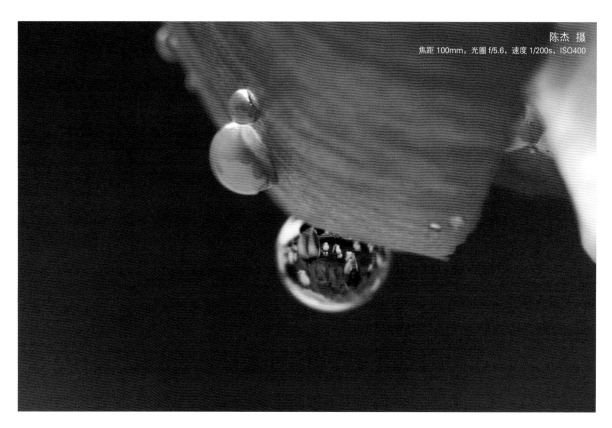

陈杰 摄
焦距 100mm，光圈 f/5.6，速度 1/200s，ISO400

gyeonlee 摄
焦距 50mm，光圈 f/2.8，速度 1/200s，ISO800

暖调效果常用在人像作品中。如果要表现人物
安静的状态，色彩不宜过于浓艳夸张，宜使用
低调的暗淡效果。

■ 15.5.2 绿、蓝、紫为主的冷色调

　　由绿、蓝、紫过渡组成的色彩区，构成了冷色调。蓝色给人以寒冷、安静和远去、收缩的感觉，而在摄影作品中，它为画面带来沉静、寒冷的视觉感受。

　　我们经常涉及的冷色调的景物，包括蓝天、冰雪、蓝色的大海或深绿的湖水，都属于冷色调。而我们在阴天或阴影中拍摄的景物，在照片中的色彩表现也会有冷色调的感觉。

老纳 摄
焦距 50mm，光圈 f/1.8，速度 1/640s，ISO100

利用蓝紫色的冷调色彩，表现人像作品，给观众更多冷漠、隔阂的感觉，更力突出的是人物的孤独而难以接近的内心世界。拍摄中，应把握这种色彩心理，引导模特的动作和眼神。

董帅 摄
焦距 17mm，光圈 f/4，速度 1/2000s，ISO100

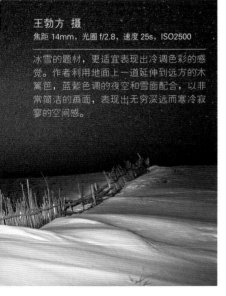

王勃方 摄
焦距 14mm，光圈 f/2.8，速度 25s，ISO2500

冰雪的题材，更适宜表现出冷调色彩的感觉。作者利用地面上一道延伸到远方的木篱笆，蓝紫色调的夜空和雪面配合，以非常简洁的画面，表现出无穷深远而寒冷寂寥的空间感。

鱼子 摄
焦距 50mm，光圈 f/1.4，速度 1/8000s，ISO100

15.6　淡彩与重彩

在前面介绍色彩饱和度时，我们曾经从色彩学上谈到了淡彩与重彩，而对色彩饱和度的高低喜好，还会受人的心理影响，不同人所处的环境、群体意识以及心境等的不同，对淡彩与重彩有所偏好。

■ 15.6.1　淡雅的淡彩效果

当下越来越多的摄影作品展现出了淡雅的色彩，与常见的鲜艳明快的画面效果相比，作品显得更加清新淡雅，其效果类似水粉画淡淡的色彩。这类照片多是在早春、薄雾或白云遮日等环境下拍摄。柔和的漫散射光线照射下，所有的景物影调都处于一种柔和的过渡之中，配合虚化效果，给那些最平凡的场景，带来超常规的视觉感受。

柔和的色彩，在人像和植物小品等题材中有着很好的运用，表现出淡雅、柔弱温柔的感情色彩。

敬翰 摄　模特：小安
焦距 35mm，光圈 f/2.5，速度 1/1600s，ISO100

人像作品中，使用淡彩效果，可以表现出高雅，甚至带有超凡脱俗的感觉。在这幅作品中，利用增加曝光的方法，在高调中让色彩淡到近乎黑白的效果。而整幅画面所带来的内在意境，却令观众深陷其中。

问号 摄
焦距 35mm，光圈 f/2，速度 1/1250s，ISO100

■ 15.6.2 浓郁的重彩效果

重彩效果给观众以沉稳、气势磅礴的感受，其效果类似传统油画的浓重色彩。多用于特殊题材或光线的风景摄影当中，如乌云密布、风云突变的大地山川，日落时分的胡杨、大漠等。而在纪实拍摄中，遇到弱光环境，也非常适合于以重彩效果展现，比如老屋、磨坊或酒吧环境中的拍摄，还有在风霜雨雪等天气下的拍摄。

董帅 摄
焦距 100mm，光圈 f/4，速度 1/3s，ISO100

问号 摄
焦距 18mm，光圈 f/4.5，速度 1/40s，ISO200

鱼子 摄
焦距 50mm，光圈 f/1.8，速度 1/160s，ISO100

重彩效果，对于人像作品来说，带有更古典的意味。这是和欧洲古典主义的人物油像历史影响分不开的。在这类作品中更重利用弱光，表现出光影变化，追求丰富的过渡层次。虽然色彩明度降低，但重彩的效果，使得观众依然觉得色彩浓艳醒目。